Judith Meider **Schimmelpilzanalytik**

Schimmelpilzanalytik

Grundlagen, Methoden, Beispiele

mit 59 Abbildungen und 40 Tabellen

Judith Meider

Dipl.-Inf. (FH), B. Sc. (hon)

unter Mitarbeit von Dr. Urban Palmgren

Bibliografische Information der Deutschen Nationalbibliothek
Die Deutsche Nationalbibliothek verzeichnet diese Publikation in der Deutschen Nationalbibliografie; detaillierte bibliografische Daten sind im Internet über http://dnb.dnb.de abrufbar.

Maßgebend für das Anwenden von Normen ist deren Fassung mit dem neuesten Ausgabedatum, die bei der Beuth Verlag GmbH, Burggrafenstraße 6, 10787 Berlin, erhältlich ist. Maßgebend für das Anwenden von Regelwerken, Richtlinien, Merkblättern, Hinweisen, Verordnungen usw. ist deren Fassung mit dem neuesten Ausgabedatum, die bei der jeweiligen herausgebenden Institution erhältlich ist. Zitate aus Normen, Merkblättern usw. wurden, unabhängig von ihrem Ausgabedatum, in neuer deutscher Rechtschreibung abgedruckt.

Das vorliegende Werk wurde mit größter Sorgfalt erstellt. Verlag und Autoren können dennoch für die inhaltliche und technische Fehlerfreiheit, Aktualität und Vollständigkeit des Werkes keine Haftung übernehmen.

Wir freuen uns, Ihre Meinung über dieses Fachbuch zu erfahren. Bitte teilen Sie uns Ihre Anregungen, Hinweise oder Fragen per E-Mail: fachmedien.bau@rudolf-mueller.de oder Telefax: 0221 5497-6141 mit.

Lektorat: Marin Kortenhaus, Illertissen
Umschlaggestaltung: Künkelmedia, Brühl
Satz: Hackethal Producing, Asbach
Druck und Bindearbeiten: Westermann Druck Zwickau GmbH, Zwickau
Printed in Germany

ISBN 978-3-481-03374-3 (Buchausgabe)
ISBN 978-3-481-03375-0 (PDF als E-Book)

Geleitwort

Wenn ich an die Anfänge des Labors Urbanus (Pegasus Labor) denke, staune ich immer wieder über die Zufälle, die dazu geführt haben, dass die Firma in Schweden erfolgreich starten konnte und mit einigen kleineren Veränderungen in den mikrobiologischen Methoden immer noch auf dem deutschen Labormarkt erfolgreich ist.

1984 gründeten wir Pegasus Lab in Schweden und hatten letztlich Erfolg, weil wir aus unterschiedlichen Bereichen kamen, was uns eine neue Sichtweise auf die mikrobiologische Analytik von Schimmelpilzen ermöglichte. Dr. Gunnar Ström war Chemiker und Mikrobiologe mit den Schwerpunkten Hygiene, Arbeitsschutz und Umwelttechnik. Ich, Dr. Urban Palmgren, war Mikrobiologe mit den Forschungsschwerpunkten Toxizitätstest von Umweltgiften und Biomasse sowie Untersuchungen über die Wirkung luftgetragener Mikroorganismen auf die Gesundheit von Personen und Tieren.

Wir untersuchten zunächst die luftgetragenen Mikroorganismen. Die Analysemethoden, die wir entwickelten, waren spezialisiert auf Schimmelbelastungen in Innenräumen. Diese neuen Methoden waren viel aussagekräftiger als die KBE-Methoden, die als Standardanalyse verwendet wurden, um eine Exposition zu bestimmen. Die Analyse der Gesamtzellzahl zeigt die Gesamtkonzentration der luftgetragenen Mikroorganismen und offenbarte die Unterschiede zwischen Biomasse und KBE. Die ersten Ergebnisse wurden zunächst angezweifelt, aber Vergleiche mit elektronmikroskopischen Nachweisen zeigten, dass die Werte stimmten. Nachdem gezeigt wurde, dass die Gesamtzellzahlen mit den gesundheitlichen Auswirkungen luftgetragener Mikroorganismen bei der Farmerlunge (Bauernlunge) übereinstimmten, wurde die Methode in Schweden Standard für diese Messungen. Später wurden diese Methoden auch auf Materialien angewendet und zeigten die gleichen positiven Ergebnisse.

Unser Team untersucht seit über 30 Jahren mikrobielle Bauschäden. Wir versuchen, bei Feuchteeinflüssen in Häusern mit Gutachtern und Sanierungsfirmen den Umfang von entstandenen mikrobiellen Schäden zu bestimmen und auch zu helfen, verstecktes mikrobielles Wachstum aufzudecken, um Gesundheitsprobleme zu bekämpfen.

Als ich einmal während eines Diskussionsforums gefragt wurde, was meiner Meinung nach in den letzten 30 Jahren passiert sei, antwortete ich: „Nicht viel." Diese Äußerung sorgte für ein wenig Aufregung bei den Forumsteilnehmern und Zuhörern. Was ich aber mit meinem Kommentar beabsichtigt hatte, war, den Fokus auf die jedes Jahr auftretenden Wasserschäden zu lenken, die wir in den letzten 30 Jahren keineswegs in den Griff bekommen haben. Denn neue Baumethoden wie z. B. uferlose Wärmedämmung, neue Fensterkonstruktionen, verpresste Wasserleitungen, risikobehafte Dachkonstruktionen, Widerstand gegen mechanische Belüftungen, superschnelles und superdichtes Bauen hat Feuchte- und Schimmelschäden zunehmend zu einem kritischen Kostenfaktor nicht nur für die Versicherungen anwachsen lassen. Hier sind neue Wege dringend notwendig. Um diese gehen zu können, muss das Verständnis für den Zusammenhang zwischen Baukonstruktionen, Feuchteeinflüssen und Schimmelpilzwachstum bei allen Personen größer werden, die mit Bauen und mit Feuchteschäden beschäftigt sind.

Dieses Buch hat als Ziel, die Nichtbiologen mit Kenntnissen zu versorgen, die sie erstens brauchen, um Schimmelschäden besser verstehen und ihnen vorbeugen zu können, und zweitens, um mit Mikrobiologen besser zusammenarbeiten zu können. Denn in dieser Welt der Lobbyisten sind Einzelkämpfer nicht gefragt und ohne Erfolgschancen. Nur Teamwork wird sich durchsetzen. Jedoch kann Teamwork ohne eine gemeinsame Sprache nicht erfolgreich sein. Dieses Buch soll Wissen vermitteln, um die gemeinsame Sprache sprechen zu können.

Viel Spaß beim Lesen wünscht Ihnen

Düsseldorf, Dezember 2015

Dr. Urban Palmgren
Labor Urbanus GmbH

Vorwort

Unser Labor beschäftigt sich seit über 30 Jahren mit Schimmelpilzen in Innenräumen und wir schulen Fachleute und Privatpersonen in mikrobiologischer Analytik. In meiner täglichen Praxis zeigt sich immer wieder, dass viele Kunden Probleme mit der mikrobiologischen Analytik und der Interpretation von Analyseergebnissen haben. Im Handel gibt es viele Bücher, die erklären, was Schimmelpilze sind, ihre gesundheitlichen Auswirkungen erläutern oder bauphysikalische Probleme beschreiben, die das Schimmelpilzwachstum fördern. Jedoch wird die Analytik in den meisten Werken nur sehr nebensächlich behandelt. Ich habe mich entschieden, dieses Buch zu schreiben, um Menschen, die keine biologischen Fachkenntnisse haben, die Welt der Analytik von Schimmelpilzen und Bakterien näherzubringen. Ich habe vermieden, die Analysemethoden zu detailliert zu beschreiben, um diese komplexe Thematik möglichst verständlich darzustellen. Ziel dieses Buches ist es, Grenzen und Möglichkeiten einzelner Analysemethoden aufzuzeigen, die Interpretation von Analyseergebnissen darzustellen und ein besseres Verständnis für die Laborarbeit zu entwickeln. Kein Schimmelpilzschaden gleicht dem anderen und somit müssen auch mikrobiologische Proben auf den Schaden bezogen entnommen und analysiert werden. Dieses Buch soll dabei helfen, die richtigen Proben und die richtige Analytik auszuwählen.

Ich hoffe, dass sich die Erwartungen der Leser dieses Buches erfüllen und dass sie anschließend die mikrobiologische Analytik gezielter einsetzen, um Fragestellungen bei Schimmelpilzschäden besser beantworten zu können.

Bergisch Gladbach, Januar 2016 Judith Meider

In Erinnerung

Ich widme dieses Buch meinem Koautor Dr. Urban Palmgren, der nach Fertigstellung dieses Werkes unerwartet verstorben ist. Als Gründer des Labors Urbanus hat er mit seinem enormen Fachwissen die Sichtweise auf Schimmelpilze in Innenräumen und die Analytik von Feuchteschäden in den letzten 30 Jahren maßgeblich mitgestaltet und geprägt.

Dr. Palmgren hat mich dazu inspiriert und motiviert, dieses Buch zu schreiben. Ich bin stolz und dankbar, dass er über 12 Jahre als Mentor an meiner Seite stand.

Judith Meider, Januar 2016

Inhaltsverzeichnis

1 Grundlagen der Mikrobiologie von Feuchteschäden

Faszinierende Kleinstlebewesen

Die Mikrobiologie ist eine umfassende Wissenschaft von Kleinstlebewesen und ihrer Umwelt. Es ist eine faszinierende Welt, die allgegenwärtig ist, das Leben auf dem Planeten Erde ermöglicht und den Menschen in vielerlei Hinsicht positiv unterstützt. Aber es gibt nicht nur positive Aspekte. Viele Mikroorganismen lösen Krankheiten aus oder produzieren Stoffwechselprodukte, die Menschen und Tieren schaden können.

Feuchteschäden in Innenräumen

Die Mikrobiologie ist ein sehr komplexes Themengebiet. In diesem Buch stehen die Mikrobiologie und die Analytik bei Feuchteschäden in Innenräumen im Fokus. Schimmelpilze und Bakterien sind Begleiterscheinungen von Feuchteschäden und stellen Bewohner und Sachverständige immer wieder vor die Frage, welche Auswirkungen die Mikroorganismen haben und wie diese zu beurteilen sind. Dieses Kapitel soll die Mikrobiologie von Feuchteschäden Nichtbiologen näherbringen und Hintergrundwissen vermitteln.

1.1 Klassifikation der Mikroorganismen

Mikroskopisch sichtbare Merkmale

Mikroorganismen sind kleinste Lebewesen. Ein einzelner Mikroorganismus besteht oft nur aus einer einzigen oder aus wenigen Zellen und ist mit dem bloßen Auge nicht zu erkennen, für den Menschen also unsichtbar. Dabei kann es sich um ein Bakterium handeln, aber auch um einen Virus, eine Alge oder einen Pilz. Der Begriff Mikroorganismus fasst damit sehr verschiedene Lebewesen unter dem alleinigen Kriterium zusammen, dass man sie (meist) mit dem Mikroskop betrachten muss, um sie überhaupt erkennen zu können. Mit den Möglichkeiten der Mikroskopie werden zahlreiche Merkmale sichtbar, anhand derer man die Mikroorganismen unterscheiden kann. Dies sind zunächst Äußerlichkeiten, sog. morphologische Merkmale, die man lange Zeit dazu verwendet hat, um Gemeinsamkeiten und Unterschiede festzustellen. Viele der Klassifikationen und Gruppen, die dabei entstanden sind, haben auch heute noch ihre Gültigkeit. Heute werden jedoch auch zunehmend molekulargenetische Verfahren verwendet, um die Verwandtschaftsverhältnisse der Mikroorganismen zu klären und sie ggf. neu einzuordnen.

Hinweis

Die Bezeichnung Mikroorganismus berücksichtigt nicht, um welches Lebewesen es sich eigentlich handelt.

1.1.1 Taxonomie und Nomenklatur

Domänen

Bakterien sind etwas völlig anderes als Viren, Algen, Pilze oder Protozoen. Das wird z. B. deutlich, wenn man sich die höchste Klassifizierungsebene ansieht, die in der Biologie definiert wurde, die sog. Domänen. Von ihnen gibt es nur 3, d. h., alle Lebewesen werden in diese 3 Gruppen eingeteilt:

- Bakterien
- Archaeen
- Eukaryoten

Prokaryoten und Eukaryoten

Bakterien und Archaeen werden gemeinsam auch als Prokaryoten bezeichnet. Sie haben im Gegensatz zu allen Eukaryoten keinen Zellkern. Algen, Pilze und Protozoen gehören dagegen in die Domäne der Eukaryoten, also in die Gruppe, in der sich alle Pflanzen und Tiere – und auch der Mensch – befinden. Man könnte nun meinen, dass die Eukaryoten dementsprechend zahlenmäßig die größte Gruppe bilden müssten. Es ist aber so, dass die Bakterien einen Großteil aller Mikroorganismen ausmachen und die Mikroorganismen alle anderen Lebewesen zahlenmäßig bei Weitem übertreffen.

Klassifikationsschema

Phylogenetische Gliederung

Innerhalb der Bakterien unterscheidet man verschiedene Stämme, innerhalb der Eukaryoten verschiedene Reiche, die jeweils weiter unterteilt werden. Für diese grundsätzliche Einteilung verwendet die Biologie eine Taxonomie, also ein Klassifikationsschema, das vereinfacht in Tabelle 1.1 wiedergegeben ist und auf den evolutionären Abstammungsbeziehungen der Lebewesen beruht. Man spricht dabei von einer phylogenetischen Gliederung, weil sie die Verwandtschaftsverhältnisse der verschiedenen Gruppen (Taxa) widerspiegelt.

Tabelle 1.1: Beispiele für die Taxonomie der verwandtschaftlichen Beziehungen in der Biologie

Name	**Beispiel 1**	**Beispiel 2**
Domäne	Eukaryoten	Bakterien
Reich	Fungi (Pilze)	
Stamm/Abteilung	Ascomycetes (Schlauchpilze)	Firmicutes
Klasse	Eurotiomycetes	Bacilli
Ordnung	Eurotiales	Bacillales
Familie	Trichocomaceae	Staphylococcaceae
Gattung (lat. Genus)	*Eurotium*	*Staphylococcus*
Art (lat. Species)	*Eurotium herbariorum*	*Staphylococcus aureus*
Anmerkung: In der Biologie ist es üblich, Gattungs- und Artnamen kursiv zu schreiben.		

Methoden der Eingruppierung

Organismen, die voneinander abstammen, haben sehr oft auch äußerlich sichtbare Gemeinsamkeiten, die früher dazu benutzt wurden, um solche Gruppen festzulegen. Heute wird die Abstammung mit genetischen Methoden überprüft, was einerseits oft dazu führt, dass die anhand der Äußerlichkeiten gefundenen Gruppenzugehörigkeiten bestätigt werden können, andererseits aber auch nicht gerade selten eine neue Eingruppierung oder ganz neue Gruppierungen erforderlich sind. Die Eingliederung von Mikroorganismen (und anderen Lebewesen) ist daher oft schwierig, weil aktuell beide Methoden, die neuere Klassifikation nach Verwandtschaftsgrad und die ältere nach beschreibbaren oder anderen gemeinsamen Merkmalen, zeitgleich verwendet werden. Manchmal kommt es auch vor, dass ein Pilz oder ein Bakterium aufgrund neuer Erkenntnisse umbenannt werden muss, vielfach aber noch geraume Zeit unter dem alten Namen zu finden ist.

Fungi imperfecti

Im Pilzreich gibt es eine Gruppe, die Fungi imperfecti oder Deuteromycetes, in der viele Pilze eingeordnet wurden, deren sexuelle Fortpflanzung nicht bekannt war und die nicht eindeutig einer anderen Gruppe zugehörten. Diese Gruppe wird mit der zunehmenden genetischen Aufklärung der Verwandtschaftsverhältnisse zwar immer weiter „bereinigt", weil sie aber über 30.000 Arten enthält, wird dies noch eine Weile dauern und bis dahin wird es die Deuteromycetes weiter geben. Die Schimmelpilze bilden eine weitere Gruppe im Pilzreich, die so nicht in der in Tabelle 1.1 aufgeführten Klassifikation vorkommt, sondern teils sehr unterschiedliche Pilze zusammenfasst, die gemeinsame Merkmale haben (Kapitel 1.1.3), aber nur zum Teil direkt miteinander verwandt sind.

Hinweis

Wenn im Folgenden vor allem Schimmelpilze und Bakterien im Mittelpunkt der mikrobiologischen Analytik stehen, dann muss man sich darüber im Klaren sein, dass es sich um unterschiedliche Lebewesen handelt, die sich unterschiedlich vermehren, unterschiedlich nachweisen lassen und unterschiedlich behandelt werden müssen.

Nomenklatur

Binäre Benennung

Die biologische Nomenklatur, also die Art und Weise, wie Lebewesen benannt werden, umfasst ganze Regelwerke und basiert auf griechischen und lateinischen Begriffen. Kennzeichnend ist dabei die binäre Benennung, d. h., einem Lebewesen wird ein Doppelname zugewiesen. Dabei bezeichnet der erste Teil des Doppelnamens die Gattung (z. B. *Aspergillus*, *Penicillium*) und der zweite Teil die Art (z. B. *Aspergillus versicolor*). Wenn eine Gattung bekannt ist, die Art oder die Arten aber nicht, findet man häufig die Abkürzungen sp. (für Species = Art) oder spp. (für Species = Arten). Beispielsweise bezeichnet *Penicillium* sp. eine taxonomisch nicht näher erfasste Art von *Penicillium*. *Penicillium* spp. umfasst mehrere nicht näher bezeichnete Arten der Gattung *Penicillium*.

1.1.2 Bakterien

Massenhafte Verbreitung

Bakterien gehören zu den kleineren und strukturell einfacheren Organismen. Es gibt unglaublich viele verschiedene Bakterien und man schätzt, dass man erst den allerkleinsten Teil (unter 10 %) klassifiziert hat. Das liegt allerdings nicht daran, dass man sie so selten findet. Bakterien sind überall und massenhaft verbreitet. Auf einem Menschen leben mehr Bakterien als er Zellen hat, in bestimmten Regionen sind es mehrere Milliarden pro Quadratzentimeter. Bakterien sind in der Luft, im Wasser und im Boden verbreitet, es ist also völlig normal, dass man sie z. B. auch in Gebäuden nachweisen kann – nicht normal ist aber, wenn sie sich dort besonders stark vermehren.

1.1.2.1 Taxonomie der Bakterien

Einteilung nach Äußerlichkeiten

In der in Kapitel 1.1 beschriebenen Taxonomie finden sich die Bakterien (im Gegensatz zu den Schimmelpilzen, Kapitel 1.1.3) auf der obersten Ebene der Hierarchie als eine von 3 Domänen. Innerhalb der Bakteriendomäne gibt es eine weitere phylogenetische Klassifizierung, d. h. eine Einteilung nach dem genetischen Verwandtschaftsgrad. Die frühere Einteilung nach den Äußerlichkeiten oder anderen leichter nachweisbaren Kriterien ist heute aus praktischen Gründen jedoch noch relevant:

- Grundformen: Bakterien sind kugelförmig (Kokken), zylindrisch (Bazillen) oder spiralig geformt (Spirillen).
- Organisation: Bakterien können einzeln auftreten oder sich zu Gruppen zusammenlagern (z. B. Haufenkokken = Staphylokokken).
- Färbung: Bakterien lassen sich mit der sog. Gram-Färbung (nach dem dänischen Bakteriologen Gram) in grampositive und gramnegative Bakterien einteilen. Die grampositiven Bakterien sind allgemein wegen eines speziellen Wandaufbaus resistenter gegenüber verschiedenen Umwelteinflüssen.
- Sauerstoffbedarf: Einige Bakterien benötigen Sauerstoff zum Leben, d. h., sie sind aerob, andere können auch in einer sauerstofffreien Umgebung wachsen, d. h., sie sind anaerob.
- Besondere Merkmale: Einige Bakterien bilden Flagellen, auch Geißeln genannt, mit denen sie sich fortbewegen können, andere bilden Sporen, wieder andere Kapseln.

1.1.2.2 Merkmale und Begriffe

Zellwand

Aufbau und Substanzen der Zellwand

Das Vorhandensein äußerer Zellwände ist ein Merkmal von Pflanzen, Pilzen, Algen und (fast allen) Bakterien. Tiere und Protozoen haben dagegen keine Zellwand. Die Zellwand liegt außerhalb der Zellmembran, die die Zelle umgibt (Zellmembranen kommen auch bei Tieren und Protozoen vor). Bei Bakterien sind die Zellwände unterschiedlich aufgebaut, bei grampositiven Bakterien sind sie dick, bei gramnegativen dünn. Die Gram-Färbung ist damit eine Nachweismethode, die den Aufbau der Bakterien bzw. ihrer Zellwände teilweise widerspiegelt. Gramnegative Bakterien enthalten in ihrer Zellwand bestimmte Substanzen, die toxisch (giftig) wirken können. Diese Substanzen sind Lipopolysaccharide, also Verbindungen aus fettähnlichen und Zuckerbestandteilen. Wenn gramnegative Bakterien zerfallen, werden ihre Lipopolysaccharide freigesetzt und können als sog. Endotoxine z. B. Fieber, Entzündungen, Diarrhö und Erbrechen hervorrufen.

Sporen

Vermehrung und Ausbreitung

Sporen sind bestimmte Entwicklungsstadien von Lebewesen. Ihr Vorkommen ist keine Spezialität von Bakterien, sondern Sporen kommen z. B. auch bei Pilzen oder bei Farnen vor. Sporen dienen der Vermehrung und Ausbreitung. Sie sind oft besonders widerstandsfähig und können daher auch bei extremen Umweltbedingungen lange überleben. Man kann zwischen Endosporen, die innerhalb eines Organismus gebildet werden, und Exosporen, die außerhalb des Organismus entstehen, unterscheiden.

Endosporen

Einige Bakterienarten bilden Endosporen, die sehr hitzebeständig und schwer zu zerstören sind. Selbst aggressive Chemikalien und Bestrahlungen können diesen Zellen oft nichts anhaben. Sporen bildende grampositive Bakterien sind vor allem gegen Trockenheit, Wärme, Kälte und UV-Strahlung resistent. Eine bekannte Gattung dieser Gruppe ist die endosporenbildende Gattung *Bacillus*. Bakterielle Endosporen sind anders aufgebaut als das Bakterium selbst, insbesondere, weil sie mehrere Schichten außerhalb ihrer Zellwand besitzen. Diese zusätzlichen Schichten ermöglichen es ihnen, lange anhaltende Trockenheit, extreme Temperaturen und Nährstoffmangel zu überstehen. Endosporen können aufgrund ihrer Beschaffenheit leicht durch Wind, Wasser oder Tierkot verbreitet werden. Auch nach vielen Jahren Ruhezustand können sie auskeimen und sich in eine vegetative, aktive Zelle zurückverwandeln.

Myzel

Strahlenpilze sind Bakterien

Myzel ist ein Begriff, der bei Pilzen sehr viel häufiger verwendet wird als bei Bakterien. Er bezeichnet bei einem Pilz die Gesamtheit aller seiner fadenförmigen Zellen. Doch es gibt auch eine Ordnung der Bakterien, die Actinomycetales oder Actinomyceten, die aus fadenförmigen Zellen bestehen und damit ein Myzel bilden, das allerdings viel dünner ist als das von Schimmelpilzen. Verwirrenderweise lautet die deutsche Bezeichnung von Actinomyceten Strahlenpilze. Das kommt daher, dass man sie zunächst tatsächlich für Pilze gehalten hat, sie sind jedoch Bakterien. Zu den Actinomyceten gehört z. B. die Gattung *Streptomyces*, die vor allem in Böden vorkommt. Viele Arten von *Streptomyces* produzieren Geosmin, ein Stoffwechselprodukt, das durch seinen intensiven Geruch nach Erd-/Kartoffelkeller auffällt.

Praxistipp

Bei einem Feuchteschaden wird häufig nur von Schimmelpilzen gesprochen. In den meisten Fällen sind es jedoch Schimmelpilze und Bakterien gemeinsam, die ein Material besiedeln. In den aktuellen Leitfäden werden die Bakterien eher nebensächlich behandelt, aber es wird dennoch empfohlen, das Baumaterial auch bei einer bakteriellen Belastung aus Gründen des vorbeugenden Gesundheitsschutzes zu entfernen. Ein weiterer Grund für diese Entfernung eines Bakterienbefalls ist die starke Geruchsbildung auch bei getrockneten Schäden.

1.1.3 Schimmelpilze

Schimmelpilze sind wie die Bakterien ein natürlicher und bedeutender Bestandteil unserer Umwelt. Sie zersetzen organische Substanzen von Tieren und Pflanzen und leisten so einen wesentlichen Beitrag zum Stoffkreislauf unseres Ökosystems.

Die „Familie" der Schimmelpilze ist sehr umfangreich und umfasst zurzeit über 100.000 verschiedene Arten, die allerdings vermutlich nur einen kleinen Teil aller existierenden Arten ausmachen.

1.1.3.1 Taxonomie der Schimmelpilze

Pilze bei Feuchteschäden

Schimmelpilze enthalten Pilze aus den Gruppen Ascomyceten (Schlauchpilze), Zygomyceten (Jochpilze) und Deuteromyceten (Fungi imperfecti).

Die meisten bei Feuchteschäden relevanten Schimmelpilze finden sich in der Gruppe der Deuteromyceten. In der Tabelle 1.2 wird die Klassifizierung der für den Bereich Feuchteschäden wichtigsten Pilze dargestellt. Der Vollständigkeit halber werden auch die Basidiomyceten in der Tabelle 1.2 aufgeführt, auch wenn es sich nicht um Schimmelpilze handelt. In die Gruppe der Basidiomyceten fallen die holzzerstörenden Pilze, die bei einem Feuchteschaden auftreten können.

Tabelle 1.2: Für Feuchteschäden relevante Pilze

Gruppe	Trivialname	Beispiele	sexuelle Sporen
Basidiomyceten	Ständerpilze	*Agaricus* (Champignon), Serpula (Hausschwamm)	Basidiosporen
Zygomyceten	Jochpilze	*Mucor* (Köpfchenschimmel)	Zygosporen
Ascomyceten	Schlauchpilze	*Chaetomium, Eurotium*	Ascosporen
Deuteromyceten	Fungi imperfecti	*Aspergillus* (Gießkannenschimmel) *Penicillium* (Pinselschimmel)	nicht bekannt

1.1.3.2 Aufbau und Lebenszyklus der Schimmelpilze

Aufbau

Hyphen

Grundsätzlich bestehen Schimmelpilze aus einem Myzel, einem Geflecht aus einzelnen Hyphen. Das Myzel hat eine fadenförmige Grundstruktur und kann als Wurzelgeflecht verstanden werden. Einzelne Stränge des Myzels werden als Hyphe bezeichnet, die teilweise durch feine Wände (Septen) unterteilt ist. Die Septen entstehen beim Wachstum und unterteilen das Myzel, aber diese Zwischenwände sind nicht geschlossen, sondern durch feine Poren miteinander verbunden. Die Hyphen haben einen Durchmesser von ca. 2 bis 10 µm, sind in der Regel farblos und nicht mit dem menschlichen Auge sichtbar.

Das Myzel wird unterschieden in Substrat- und Luftmyzel:

- Das Substratmyzel ist für die Ernährung des Organismus zuständig und zieht die Nährstoffe aus dem Substrat (Nährboden) heraus. Bei einem Feuchteschaden wächst das Substratmyzel eines Schimmelpilzes abhängig vom Material in die Tiefe und die Breite des besiedelten Baustoffs.

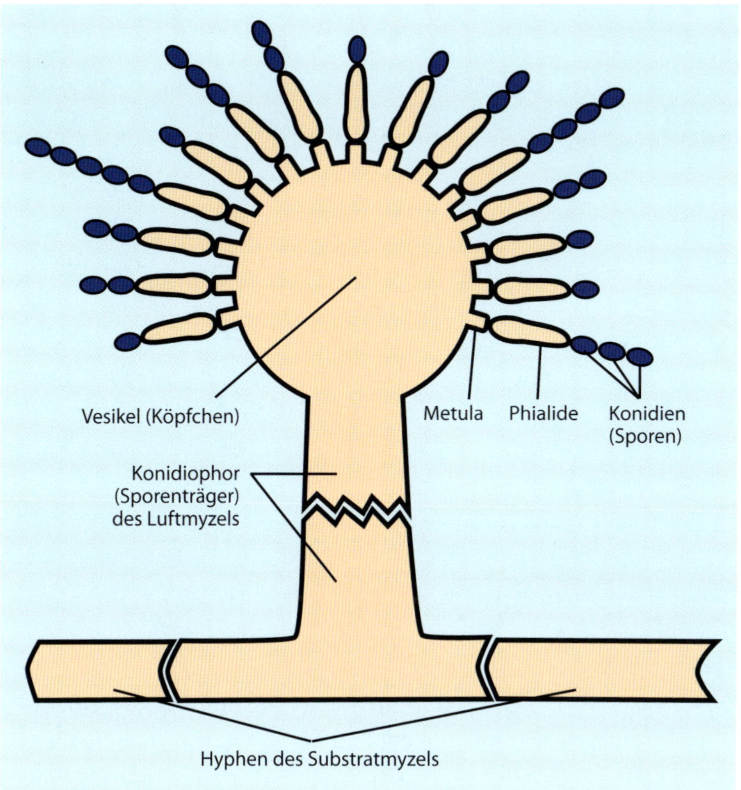

Abb. 1.1: Aufbau eines Sporenträgers am Beispiel des Gießkannenschimmels (*Aspergillus*)

- Das Luftmyzel dient als Verbreitungsorgan. Die Hyphen des Luftmyzels bilden sich aus dem Substratmyzel heraus. Dabei entstehen auch spezielle Hyphen, sog. Sporenträger oder Konidiophoren, an denen die Sporen gebildet werden (Abb. 1.1). Die gebildeten Sporen werden auch als Konidien bezeichnet. Das Luftmyzel und die Sporen können, wenn sie in ausreichender Konzentration vorliegen, als farbliche Veränderung an der Oberfläche des besiedelten Materials wahrgenommen werden. Kolonien, die nur ein Luftmyzel ohne sporentragende Strukturen bilden, nennt man steriles Myzel.

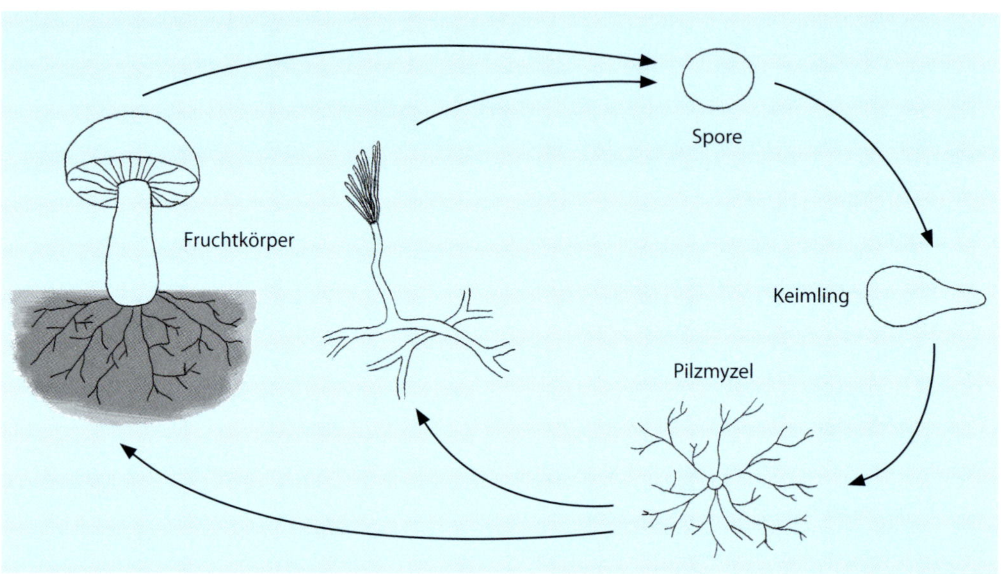

Abb. 1.2: Lebenszyklus der Schimmelpilze

Lebenszyklus

Sporen als Überlebenskünstler

Die Sporen werden in die Raumluft abgegeben und können an einem geeigneten Ort mit ausreichend Nährstoffen und Feuchtigkeit auskeimen und ein eigenes Myzel bilden (Abb. 1.2). Dies ermöglicht den Schimmelpilzen eine schnelle Verbreitung und das Sichern ihrer Art. Das Myzel ist sehr widerstandsfähig und kann auch lange Trockenheitsphasen überstehen. Die Sporen sind allerdings noch bessere Überlebenskünstler. Durch ihre Beschaffenheit sind sie vor Umwelteinflüssen und Austrocknung noch besser geschützt und können viele Jahre überleben. Sie können sogar ihre Stoffwechselaktivität einstellen, um nach Jahren bei geeigneten Lebensbedingungen wieder auszukeimen. Die Sporenbildung geschieht meist asexuell aus dem eigenen Myzel heraus. Einige Schimmelpilze vermehren sich auch sexuell und bilden sehr widerstandsfähige Sporentypen.

1.1.3.3 Merkmale und Begriffe

Schimmelpilze sind unter diesem Namen zusammengefasst worden, weil sie gemeinsame Merkmale haben. Nicht alle diese Merkmale kommen jedoch bei allen Schimmelpilzen vor:

- Sie bilden ein Myzel aus.
- Sie kommen an Standorten mit faulenden/verwesenden Stoffen vor (saprophytisch).
- Sie wachsen bevorzugt im Erdboden, an feuchten Oberflächen und vermehrt in feuchten Klimazonen.
- Sie ernähren sich aus pflanzlichen oder tierischen Rückständen (heterotroph).
- Sie wachsen in der Regel nicht hefeartig (Hefen vermehren sich durch Sprossung oder Teilung).
- Sie vermehren sich (meist) asexuell über Sporen.

Schimmelpilze unterscheiden sich im Aufbau und in ihrer Art und Weise, wie sie Sporen bilden und diese in die Umwelt abgeben. Die charakteristischen Strukturen der Hyphen, der Sporenträger und der Sporen nutzt man zur Differenzierung der Schimmelpilze.

Einige wichtige Schimmelpilzgattungen werden im Folgenden beispielhaft beschrieben, um die morphologischen Unterschiede im Myzel, den Sporen und der Art und Weise, Sporen zu produzieren, aufzuzeigen.

> **Hinweis**
>
> Die jeweils charakteristische Morphologie ist die Grundlage, um die verschiedenen Schimmelpilzgattungen im Labor zu unterscheiden.

Aspergillus

Gießkannenschimmel

Aspergillus-Arten sind weltweit sehr verbreitet und werden taxonomisch den Deuteromyceten zugeordnet. Es gibt mehr als 150 Arten, von denen viele bei Feuchteschäden vorkommen. *Aspergillus*-Arten können Mykotoxine (Pilzgifte) produzieren, Infektionen hervorrufen oder Allergien auslösen. Häufig werden sie als Gießkannenschimmel bezeichnet.

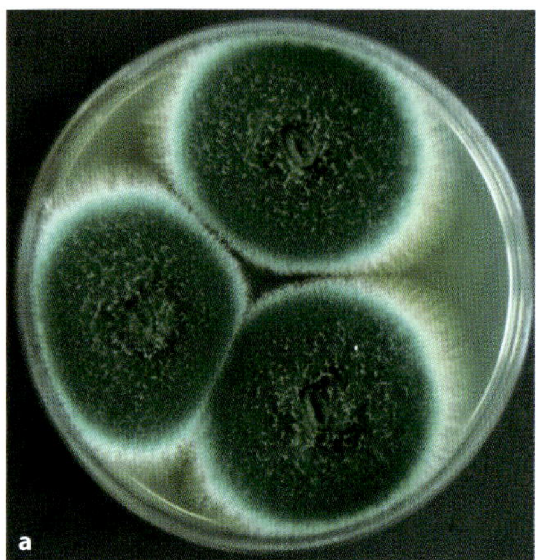

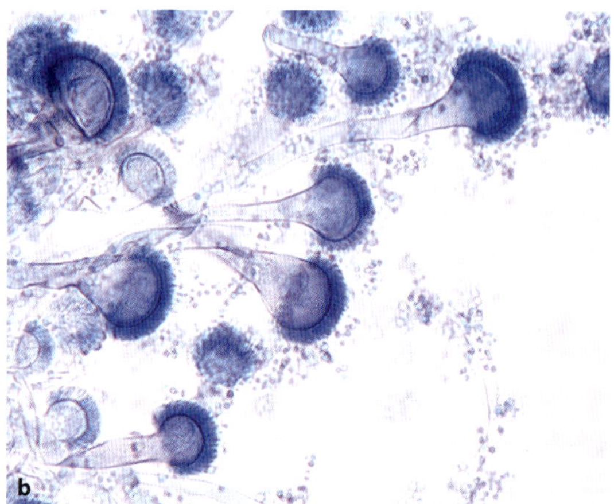

Abb. 1.3: *Aspergillus* in einer Petrischale (a), unter dem Mikroskop (b) und in einer elektronenmikroskopischen Aufnahme (c)

Das Luftmyzel bildet spezielle Hyphen, die Konidiophoren. Sie haben bei den *Aspergillus*-Arten eine Anschwellung, die auch Vesikel oder Köpfchen genannt wird (Abb. 1.1). An diesem Köpfchen befinden sich kleine zylindrische Ausstülpungen, die Metulae. Auf ihnen sitzen wiederum die sog. Phialiden. Sie sind die Zellen, von denen sich die Sporen (Konidien) abschnüren (Abb. 1.3). Die einzelnen *Aspergillus*-Arten unterscheiden sich im Aufbau der Metulae, der Phialiden und der Sporen. Auch das Wachstumsverhalten, die Größe der Kolonien und die Farbe, die von Blau über Orange bis Schwarz reichen kann, liefern wichtige Indizien für die Differenzierung.

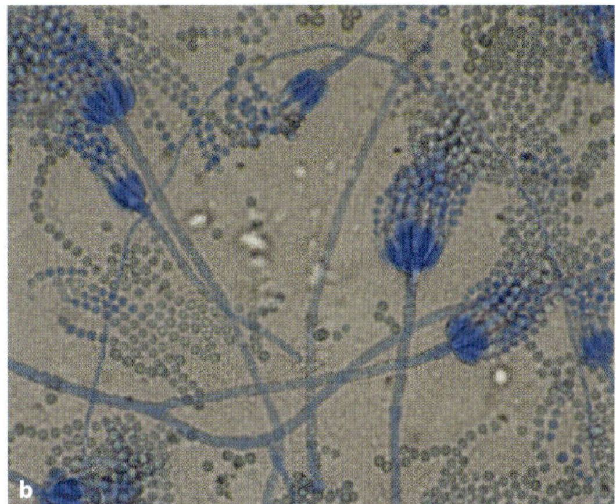

Abb. 1.4: *Penicillium* in einer Petrischale (a), unter dem Mikroskop (b) und in einer elektronenmikroskopischen Aufnahme (c)

Penicillium

Pinselschimmel

Auch *Penicillien* sind weit verbreitet und werden den Deuteromyceten zugeordnet – zurzeit sind über 200 verschiedene *Penicillium*-Arten beschrieben. Bei uns sind sie die wichtigsten Lebensmittelverderber und auch bei Feuchteschäden weit verbreitet. Viele *Penicillien* bilden Mykotoxine, aber auch Antibiotika, und können Allergien auslösen. Sie werden häufig als Pinselschimmel bezeichnet, da ihr Aussehen an einen Pinsel erinnert.

Wie bei den *Aspergillus*-Arten werden die Sporen von Phialiden abgeschnürt, die aber nicht auf einem Vesikel, sondern auf mehr oder weniger verzweigten Trägerhyphen sitzen (Abb. 1.4). *Penicillien* bilden sehr viele kleine, runde Sporen. Die Hyphen sind kaum pigmentiert, die Kolonien weisen eine blaugrüne Färbung auf.

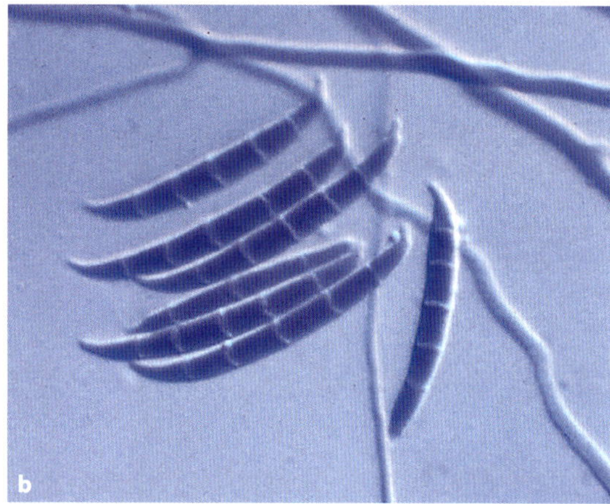

Abb. 1.5: *Fusarium* in einer Petrischale (a) und unter dem Mikroskop (b)

Fusarium

Zurzeit werden über 140 *Fusarium*-Arten beschrieben. Sie gehören in die Gruppe der Deuteromyceten, bilden fast alle Toxine und wachsen vor allem im pflanzlichen Gewebe. Häufig sind sie auf Getreide zu finden und führen nicht selten dazu, dass die befallenen Getreidesorten absterben.

Fusarium-Arten zeichnen sich durch ein schnell wachsendes, nicht gefärbtes bis bräunlich pigmentiertes Myzel aus (Abb. 1.5). Sie bilden große sichelförmige, häufig septierte Makrosporen, die von Phialiden abgeschnürt werden.

Alternaria

Alternaria ist ein Vertreter der Deuteromyceten, weltweit verbreitet und sehr häufig anzutreffen. *Alternaria*-Arten bilden Toxine und lösen Allergien aus.

Das Luftmyzel ist goldbraun und die meist schwarzen, relativ großen Sporen sind mehrzellig und enthalten Quer- und Längswände (Abb. 1.6). Die Sporen hängen als Ketten am Sporenträger und sind bis zu 50 µm lang. Sie benötigen viel Feuchtigkeit für ihr Wachstum.

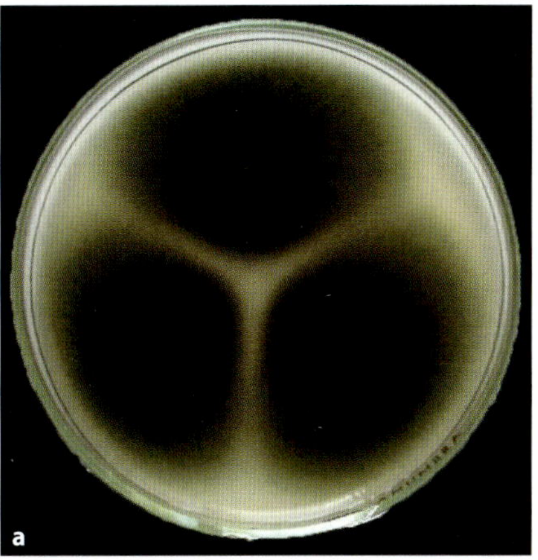

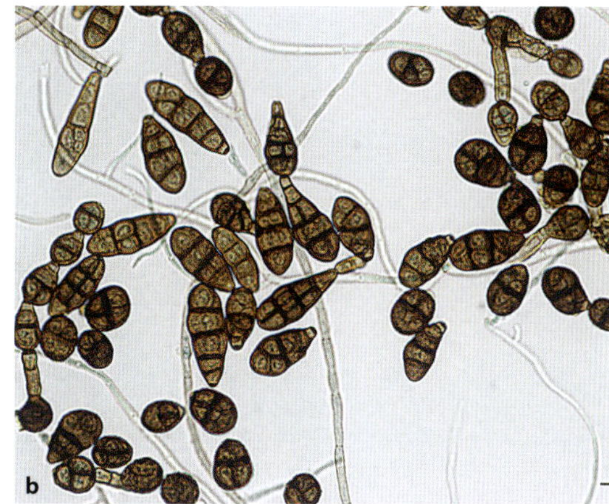

Abb. 1.6: *Alternaria* in einer Petrischale (a) und unter dem Mikroskop (b)

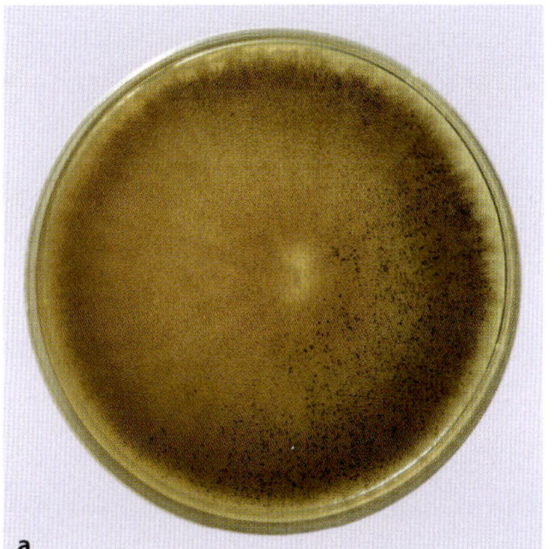

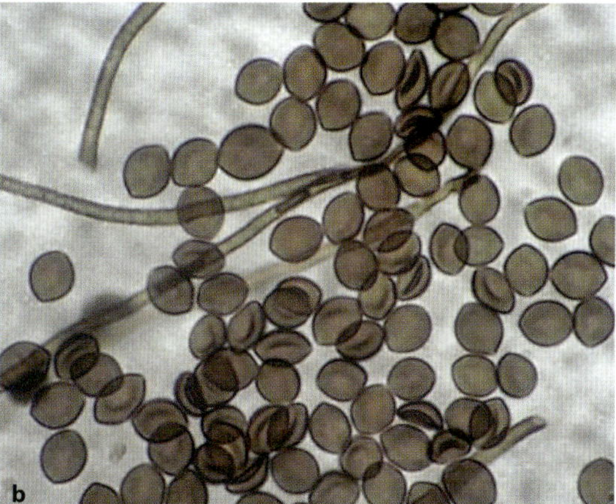

Abb. 1.7: *Chaetomium* in einer Petrischale (a) und unter dem Mikroskop (b)

Chaetomium

Chaetomium gehört zur Gruppe der Ascomyceten und pflanzt sich sexuell fort. *Chaetomium* ist ein Toxinbildner und löst Allergien aus.

Sporensack

Durch die sexuelle Fortpflanzung bildet sich ein Sporensack, ein sog. Ascus, der auch bei extremen Umweltbedingungen sehr widerstandsfähig ist. Die großen, zitronenförmigen Sporen (Abb. 1.7) befinden sich im Ascus und werden, wenn dieser aufplatzt, an die Umgebung abgegeben. Das schwarze auffällige Myzel sieht unter dem Mikroskop wie wollige Kugeln aus.

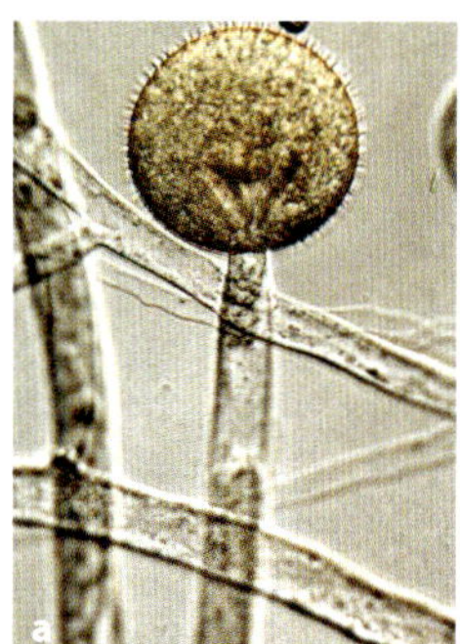

Abb. 1.8: *Mucor* in einer mikroskopischen Aufnahme (a) und in einer elektronenmikroskopischen Aufnahme (b)

Mucor

Köpfchenschimmel

Mucor gehört zur Gruppe der Zygomyceten, dem sog. Köpfchenschimmel, der sich überwiegend asexuell fortpflanzt, aber auch eine sexuelle Vermehrung kennt. *Mucor* gilt als pathogen und allergen, er ist ein Lebensmittelverderber und in feuchten Innenräumen häufig zu finden.

Das Myzel vom *Mucor* (Abb. 1.8) zeigt keine Septen, und Kolonien breiten sich sehr schnell aus.

Stachybotrys

Gesundheitsschädlichster Pilz

Stachybotrys wird den Deuteromyceten zugeordnet, eine sexuelle Fortpflanzung ist nicht bekannt. *Stachybotrys* bildet das Toxin Satratoxin und gilt als der gesundheitsschädlichste Pilz in Innenräumen.

Stachybotrys bildet sehr große, dunkle, raue und ovale Sporen (Abb. 1.9), die am Myzelende hängen. Aufgrund der Größe der Sporen und einer Schleimschicht, die sie umgibt, sind die Sporen schlecht flugfähig und können mit Luftmessungen nur schwer nachgewiesen werden.

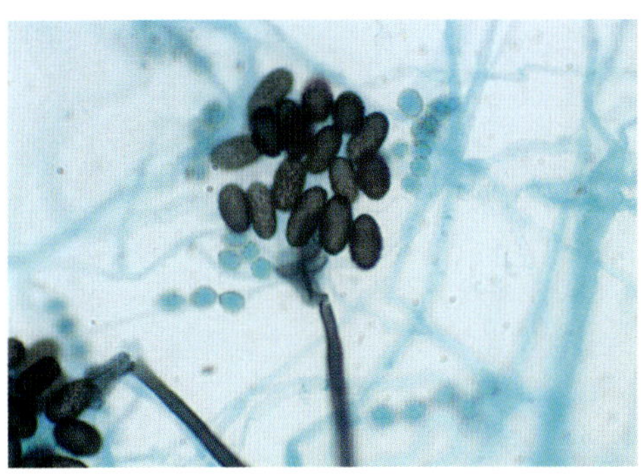

Abb. 1.9: *Stachybotrys*

Abb. 1.10: *Scopulariopsis*

Scopulariopsis

Scopulariopsis gehört zur Gruppe der Deuteromyceten und ist ein häufiger Vertreter bei Feuchteschäden. *Scopulariopsis*-Arten können Infektionen hervorrufen und allergen wirken.

Typische Bruchkante

Mikroskopisch ähnelt *Scopulariopsis* der Gattung *Penicillium*. Die Sporen hängen in Ketten aneinander (Abb. 1.10). Brechen die Ketten auseinander, ist eine Bruchkante zu erkennen, die für den *Scopulariopsis* ein typisches Merkmal darstellt.

1.2 Wachstum und Verbreitung von Schimmelpilzen und Bakterien

1.2.1 Wachstum von Schimmelpilzen und Bakterien

Wachstumsformen

Wie bereits beschrieben besteht der Schimmelpilz aus einem Geflecht von Strängen, die im einzelnen Hyphen und in der Gesamtheit Myzel genannt werden (Kapitel 1.1.3.2). Aufgrund dieses Aufbaus werden Schimmelpilze auch filamentöse Pilze genannt. Jede Hyphe wächst hauptsächlich dadurch, dass sie sich an ihren Enden weiter ausdehnt, wodurch sie ihr fadenförmiges Aussehen erhält. Sie wächst also einfach in die Länge und verzweigt sich. Das ist z. B. bei den Hefen, die ebenfalls zu den Pilzen gehören, anders: Bei ihnen sprosst eine Knospe aus, die nach und nach größer wird und sich schließlich abschnürt. Wieder anders vermehren sich viele Bakterien, indem sich ihre Zellen teilen. Einige Bakterienarten können sich durch diese Art der Vermehrung innerhalb von 20 Minuten verdoppeln.

Alle Mikroorganismen benötigen bestimmte Voraussetzungen für ihr Wachstum. Dies wird im Kapitel 1.2.1.1 am Beispiel der Schimmelpilze erläutert. Finden Mikroorganismen ideale Bedingungen für ihr Wachstum vor, verläuft dieses Wachstum oft in bestimmten Phasen. Dies wird in Kapitel 1.2.1.2 am Beispiel von Bakterien und Schimmelpilzen dargestellt.

1.2.1.1 Lebensbedingungen und Wachstumsfaktoren von Schimmelpilzen

Kohlenstoff und Feuchtigkeit

Damit Schimmelpilze wachsen und auskeimen können, benötigen sie spezielle Lebensbedingungen. Als Nahrung dienen ihnen organische Substanzen, also alle Substanzen, die Kohlenstoff in organischer Form enthalten. Da Kohlenstoff in fast allen Produkten, die in Innenräumen verbaut werden, enthalten ist und auch der Staub auf Objekten eine Nährstoffgrundlage bildet, kann somit fast jedes Material von Schimmelpilzen besiedelt werden. Jedoch benötigen sie neben den Nährstoffen auch Feuchtigkeit. Dies ist der Hauptfaktor zur Entstehung von Schimmelpilzschäden in Innenräumen.

Feuchtigkeit

Relative Luftfeuchtigkeit an den Bauteiloberflächen

Da sich Nährstoffe in fast allen Baumaterialien finden lassen und Schimmelpilzsporen überall vorhanden sind, können diese – bei erhöhter Feuchtigkeit – auskeimen und sich verbreiten. Schimmelpilze sind jedoch keine Wasserpilze und können sich bei freiem Wasser fast nicht vermehren. In Publikationen wird oft angegeben, dass Schimmelpilze erst wachsen, wenn die relative Luftfeuchtigkeit (rH) an den Bauteiloberflächen mindestens 80 % beträgt. Dies ist allerdings nur zum Teil richtig. Es gibt sehr viele verschiedene Schimmelpilzarten, die unterschiedliche Bedürfnisse haben: Einige Arten wachsen erst bei einer relativen Luftfeuchtigkeit von 90 %, andere aber auch schon bei 65 bis 70 % rH. Jeder Schimmelpilz hat sein eigenes Feuchtigkeitsoptimum und seine eigene Feuchtigkeitsspanne:

- Das Feuchtigkeitsoptimum besagt, bei welcher relativen Luftfeuchtigkeit sich der Schimmelpilz am besten vermehrt und das stärkste Wachstum zeigt.
- Die Feuchtigkeitsspanne ist die Spannbreite der relativen Luftfeuchtigkeit zwischen einem minimalen und einem maximalen Wert, in der der Schimmelpilz wachsen kann. In der Mitte dieser Feuchtigkeitsspanne liegt das Feuchtigkeitsoptimum, bei dem der Pilz sehr gut wächst, während er oberhalb des Minimal- bzw. unterhalb des Maximalwerts nur schlecht wächst (aber er wächst).

Hinweis

Der Feuchtigkeitsbereich, in dem Schimmelpilze generell wachsen können, ist groß. Daher sollte eine relative Luftfeuchtigkeit von 70 % an Bauteiloberflächen nicht dauerhaft überschritten werden.

Wasseraktivität

Die Wasseraktivität (a_w) dient als Messgröße für das frei verfügbare Wasser in einem Material, im Fall der Schimmelpilze also für das Wasser in Baumaterialien. Der a_w-Wert ist definiert als Quotient des Wasserdampfdrucks über einem Material (p) zum Wasserdampfdruck über reinem Wasser (p_0) bei einer bestimmten Temperatur:

$$a_w = \frac{p}{p_0}$$

Es gibt trockenheitsliebende (xerophile) Schimmelpilze wie z. B. *Aspergillus restrictus*, die mit einem a_w-Wert von 0,65 bis 0,75 auskommen. Die meisten Schimmelpilze benötigen für ihr Wachstum einen a_w-Wert von um die 0,8. Häufig brauchen Schimmelpilzsporen zum Auskeimen einen höheren a_w-Wert als für das Myzelwachstum oder die Sporenbildung.

Temperatur

Ein weiterer Wachstumsfaktor von Schimmelpilzen ist die Raum- und die Oberflächentemperatur von Baumaterialien. Wie bei der Feuchtigkeit gibt es für die einzelnen Arten ein Temperaturoptimum und eine Temperaturspanne:

- Bei den meisten innenraumrelevanten Schimmelpilzen liegt das Optimum zwischen 20 °C und 26 °C. Diese Temperaturen liegen in den meisten Innenräumen vor und bieten somit ein ideales Wachstumsklima.
- Die Temperaturspanne, in der Schimmelpilze wachsen, reicht insgesamt von etwas unter 0 °C bis zu 60 °C (Tabelle 1.3). Es gibt also Schimmelpilze, die auch in kalten Dachstühlen wachsen, und solche, die sich in warmen Heizungsräumen und in viel wärmeren Milieus wohlfühlen. Es lassen sich mesophile Pilze, die mittlere Temperaturen bevorzugen (meso = griech. für mittig, phil = griech. für Freund), und thermophile Pilze unterscheiden, die wärmere Temperaturen bevorzugen (therm = griech. für warm). Diese Temperaturvorlieben sind bereits von Art zu Art verschieden, beispielsweise ist *Aspergillus versicolor* mesophil, *Aspergillus fumigatus* dagegen thermophil. Zu beachten ist auch, dass die Sporen als Dauerorgan der Schimmelpilze weit höhere und niedrigere Temperaturen vertragen können als das Myzel.

Tabelle 1.3: Temperaturansprüche von Schimmelpilzen

Gruppe	Minimum (°C)	Optimum (°C)	Maximum (°C)
mesophil	0	25–35	ca. 40
thermophil	20–25	35–55	ca. 60

pH-Wert

Logarithmusfunktion

Auch der pH-Wert der Materialien beeinflusst das Wachstum der Mikroorganismen. Der pH-Wert gibt die Wasserstoffionenkonzentration in einer wässrigen Lösung an. Wie sauer oder wie alkalisch eine Lösung (oder auch ein Baumaterial) ist, zeigt der pH-Wert auf einer Skala von 0 bis 14. Der pH-Wert 7 entspricht der Neutralität, pH-Werte unterhalb von 7 werden als sauer bezeichnet, pH-Werte darüber als basisch oder alkalisch. Wichtig ist dabei, dass es sich bei dem pH-Wert um eine Logarithmusfunktion handelt: Eine Änderung auf der pH-Skala um 1 bedeutet, dass sich die Wasserstoffionenkonzentration um das Zehnfache erhöht oder verringert.

Die meisten Pilze haben ihr Wachstumsoptimum bei einem pH-Wert um 5, einige wenige wachsen auch noch bei einem pH-Wert von 2. Daher wählt man gerne alkalische Baumaterialien, um dem Schimmelpilzbewuchs vorzubeugen. Aber auch wenn ein neues Bauprodukt sehr alkalisch ist, kann sich der pH-Wert aufgrund von Feuchtigkeit, Zeit und der Aufnahme von CO_2 in Richtung Neutralität verschieben.

Praxistipp

Man kann davon ausgehen, dass es zu fast jedem Innenraumklima und Baumaterial sowohl einen Schimmelpilz gibt, der sich bei ausreichender Feuchtigkeit stark vermehrt, als auch weitere Schimmelpilze, die sich weniger stark oder gar nicht vermehren. Die vorhandenen Schimmelpilze führen auf den Bauteiloberflächen einen Kampf um Nährstoffe bzw. gegen „Fressfeinde" und der Schimmelpilz, der mit den vorhandenen Gegebenheiten am besten zurechtkommt, kann sich vermehren. Daher gleicht keine Mikroflora bei Feuchteschäden der anderen. Aus mikrobiologischer Sicht kann so die Zusammensetzung der einzelnen Schimmelpilzarten auf einer Bauteiloberfläche viel über den Feuchteschaden aussagen.

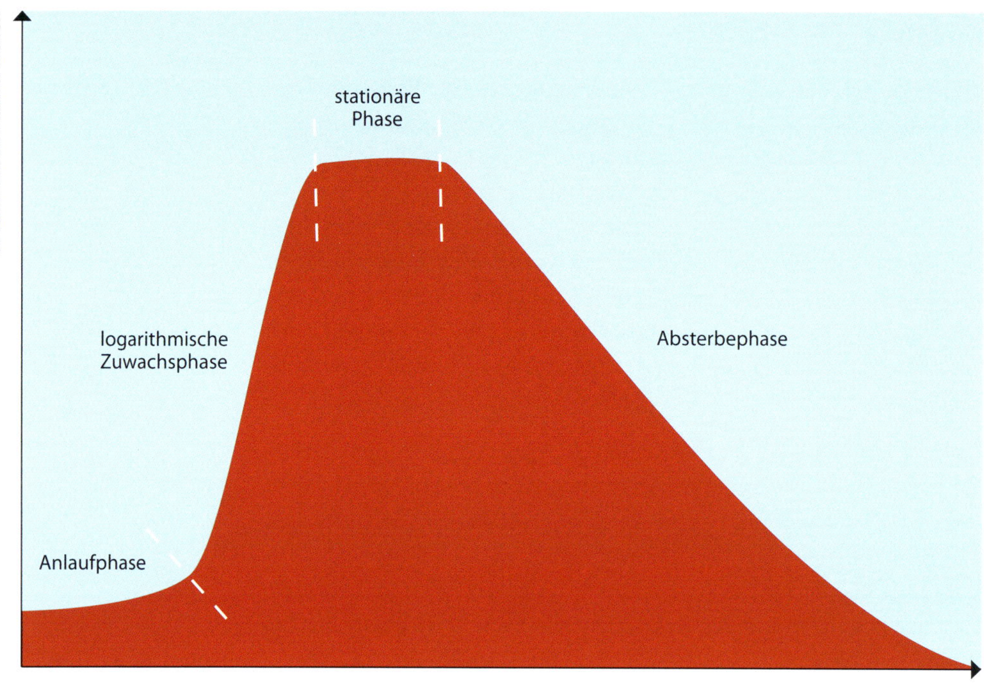

Abb. 1.11: Wachstumsphasen

1.2.1.2 Wachstumsphasen von Schimmelpilzen und Bakterien

Unterschiedliche Analyseergebnisse je nach Phase

Schimmelpilze und Bakterien durchlaufen bei ihrer Vermehrung mehrere Phasen (Abb. 1.11). Jede dieser Phasen zeigt charakteristische Eigenschaften und bei einem Feuchteschaden können diese Charakteristika hilfreich sein, um ein Schadensprofil zu erstellen. Je nachdem, in welcher Phase sich ein Bewuchs befindet, zeigt sich ein anderes Bild in der Analytik. Die Grundlage, um Analyseergebnisse interpretieren zu können, liegt in der Betrachtung der einzelnen Wachstumsphasen bzw. Wachstumsstadien.

Im Kapitel 2 (Analytik) werden einzelne Analyseschritte erläutert. Die Analyse der Gesamtzellzahl, der biochemischen Aktivität und der Kolonie bildenden Einheiten liefern in ihrer Gesamtheit Informationen, um ein Schadensprofil zu erstellen. Die Kenntnisse über Wachstumsphasen zusammen mit den Analyseergebnissen liefern ein umfassendes Bild über den jeweiligen Feuchteschaden.

Aktivierungs-/Anlaufphase

Damit die vorhandenen Mikroorganismen in diese Phase gelangen, müssen die Wachstumsbedingungen erfüllt sein. Dies bedeutet, dass ausreichend Nahrung und Feuchtigkeit vorliegen, dass das Substrat einen akzeptablen pH-Wert hat und dass die Temperatur für die Mikroorganismen ausreichend ist (Kapitel 1.2.1.1). Äußerlich sind dann keine Veränderungen an den vorhandenen Mikroorganismen festzustellen. Innerhalb der Zellen, Sporen oder Myzelstücke steigt die Aktivität der Enzymsysteme und die Stoffwechselaktivität wird angeregt.

Äußerlich keine Veränderungen

Zuwachsphase (Keimung)

Bei weiterhin positiven Wachstumsbedingungen keimen die Zellen oder Sporen von Schimmelpilzen mit einem Keimschlauch aus und bilden ein Myzel (oder das vorhandene Myzel wächst weiter). Bakterien starten in dieser Phase mit der Zellteilung. Dabei erhöht sich die Biomasse, die aus toten und lebenden Mikroorganismen besteht, sehr schnell.

Keimung und Myzelbildung

Flugphase

Diese Phase kommt bei Schimmelpilzen, aber nicht bei Bakterien vor. Bei weiter guten, aber zunehmend beengten, oder bei sich verschlechternden Lebensbedingungen bilden Schimmelpilze in dieser Phase neben dem Substratmyzel das Luftmyzel aus. In der natürlichen Umgebung bilden das Luftmyzel und die damit verbundenen Sporenträger (Konidiophoren, Kapitel 1.1.3.2) Sporen und geben diese in die Umgebungsluft ab. Dadurch gelangen die Sporen in die Luft, können weitere Materialien kontaminieren und dort ein neues Myzel bilden. In dieser Phase können die Schimmelpilze als luftgetragene Mikroorganismen nachgewiesen werden.

Sporenbildung

Stationäre Phase

In dieser Phase wachsen einige mikrobielle Zellen, Sporen und Hyphen, während andere absterben. Dabei ist das Verhältnis von Absterbe- und Wachstumsrate durch die Lebensbedingungen ausgeglichen. In dieser Phase erhöht sich die Biomasse (die auch die bereits abgestorbenen Mikroorganismen umfasst) langsamer, aber stetig.

Absterbephase

Wenn die Lebensbedingungen noch schlechter werden, sterben mehr Mikroorganismen ab als neue gebildet werden. Wie schnell dieser Prozess stattfindet und wann keine neuen Zellen mehr gebildet werden, hängt von den Umgebungsbedingungen ab. In dieser Phase erhöht sich die Biomasse immer langsamer.

Wenn die noch vorhandenen Mikroorganismen in der natürlichen Umgebung wieder gute Lebensbedingungen vorfinden, z. B., wenn eine zwischenzeitlich ausgetrocknete Wand, die teilweise zum Absterben der Schimmelpilze geführt hat, erneut feucht wird, kann wieder eine Aktivierungsphase beginnen. Bei einer erneuten Aktivierung an der gleichen Stelle vermehren sich die Pilze schneller als bei der ersten Keimung, da mehr lebende Mikroorganismen als Bewuchs vorliegen als vor der vorangegangenen Wachstumsphase.

1.2.2 Kontamination von Materialien

1.2.2.1 Definition und Abgrenzung

Schimmelpilze und Bakterien sind allgegenwärtig und ein wichtiger Bestandteil unserer Umwelt. Über die Außenluft gelangen ihre Bestandteile und Sporen in die Innenräume. Diese natürliche Belastung mit Mikroorganismen ist in der Regel unbedenklich. Damit Sporen (wieder) ein Myzel bilden und Bakterien wachsen können, brauchen sie das entsprechende Milieu (Kapitel 1.2.1.1). Dazu müssen sie sich zunächst irgendwo „niederlassen". In diesem Zusammenhang sind die Begriffe Kontamination, Befall und Bewuchs zu unterscheiden.

Kontamination

Verschmutzung

Kontamination kommt aus dem Lateinischen und heißt Verschmutzung. Jede unerwünschte Verunreinigung eines Materials, z. B. mit Mikroorganismen, ist eine Kontamination, wobei dieser Begriff sehr häufig in Bezug auf Oberflächen verwendet wird und ein frühes (z. B. auch nicht sichtbares) Stadium der Verschmutzung bezeichnet. Der Begriff Kontamination sagt nicht aus, ob es sich um eine Sedimentation der Mikroorganismen handelt oder ob sich bereits ein Myzel entwickelt hat. Da sich in Innenräumen auf allen Oberflächen Schimmelpilze und Bakterien befinden, wird der Begriff Kontamination erst verwendet, wenn es sich um eine vermehrte oder von einem anderen Ort ausgehende Verschmutzung handelt. Ob die Kontamination ein Problem darstellt, hängt von der vorhandenen Menge an Mikroorganismen ab und ob eine erhöhte Feuchtigkeit vorliegt und somit eine Vermehrung stattfinden kann.

Dekontamination

Eine Dekontamination ist eine Entfernung der Verschmutzung. Dies kann durch eine Feinreinigung geschehen, indem sedimentierte Mikroorganismen abgesaugt werden. Ist die mikrobielle Verschmutzung auf und in dem Material gewachsen, kann eine Dekontamination nur durch das Entfernen des bewachsenen Materials erreicht werden.

Befall

Der Befall ist der Kontamination ähnlich. Er ist im allgemeinen Sprachgebrauch häufiger und unspezifischer als die Kontamination, bezeichnet oft spätere Stadien der „Verschmutzung" und impliziert manchmal ein aktives Geschehen. Wenn Schimmelpilze beispielsweise auf der Schrankoberfläche vorhanden sind, ohne bereits sichtbar zu sein, und sehr wahrscheinlich von der darüber bewachsenen Decke stammen, spricht man eher von einer Kontamination. Ist die Verschmutzung stark ausgeprägt oder bereits sichtbar und ist unklar, wo sie ursprünglich hergekommen sind, verwendet man den Begriff Befall. Dabei unterscheidet der Schimmelpilzbefall z. B. einer Wand nicht, ob damit nur die Tapete gemeint ist oder ob auch bereits der Putz oder sogar das Mauerwerk betroffen ist. In diesem Buch wird der Begriff Befall vermieden und von Kontamination gesprochen, um Missverständnisse zu vermeiden.

Bewuchs

Bewuchs ist nicht immer sichtbar

In der Mikrobiologie wird von einem Bewuchs gesprochen, wenn sich Mikroorganismen vermehren und wachsen. Der Bewuchs findet auf oder in einem Material statt, lange bevor dieser für das menschliche Auge sichtbar wird. Umgangssprachlich wird bei Bewuchs von Schimmelpilzen gesprochen, dies schließt aber auch die Belastung mit Bakterien ein. Die durch den Bewuchs entstandene Biomasse bleibt auch bestehen, wenn sich die Lebensbedingungen verschlechtern und ein weiteres Wachstum nicht mehr möglich ist. Die bereits gewachsene Biomasse ist dann noch auf und in dem Material vorhanden, auch wenn dieses getrocknet oder chemisch behandelt wurde.

Hinweis

Damit ein Schimmelpilz- und Bakterienwachstum stattfinden kann, müssen Sporen oder Bakterien auf ein Material gelangen. Die (oberflächliche) Verunreinigung des Materials mit Sporen, Hyphen oder Bakterien nennt man Kontamination.

1.2.2.2 Arten der Kontamination

Zufällige Kontaminationen

Ständige Aufwirbelung

Schimmelpilzsporen, Hyphen und Bakterien befinden sich auf kontaminierten oder bewachsenen Flächen in der Natur oder in Innenräumen. Sie können aufgewirbelt werden und auf alle zugänglichen Oberflächen sedimentieren. Diese zufällige, aber immer stattfindende Kontamination bewirkt, dass auf allen Oberflächen eine Hintergrundkonzentration an Mikroorganismen zu finden ist, die bei Feuchteeinwirkung Startkultur für Schimmelpilzschäden sein kann.

Produktionstechnische Kontaminationen

Kontamination oder natürliche Belastung

Viele Baustoffe – wie z. B. Gipskarton oder Tapete – bestehen aus natürlichen Materialien. In den einzelnen Herstellungsschritten oder während der Lagerung kann der Baustoff mikrobiell kontaminiert werden oder ist bereits von Natur aus mit Mikroorganismen belastet. So werden z. B. Altpapier zur Herstellung von Zelluloseschichten, Holzspäne zur Herstellung von verschiedenen Holzplatten und Betonschalungen und Kork als Dämmung und als Bodenbelag verwendet. Diese Materialien enthalten Schimmelpilze und Bakterien und es sind 3 Möglichkeiten denkbar, was mit ihnen geschehen kann:

- Sie werden beim Herstellungsvorgang (teilweise) abgetötet. Abgetötete Mikroorganismen werden bei der Verarbeitung der Baustoffe verbreitet, können andere Materialien kontaminieren und werden bei der Ermittlung der Gesamtzellzahl (Kapitel 2.2.1) zumindest zum Teil erfasst.

- Im Herstellungsvorgang nicht abgetötete Mikroorganismen werden bei einer Verarbeitung der Baustoffe als vermehrungsfähige Mikroorganismen freigesetzt. Sie können andere Bauteile kontaminieren oder werden mit ihrem Baustoff z. B. in feuchte Bereiche eingebaut, wo sie für ein mikrobielles Wachstum bis hin zu mikrobiellen Schäden an den Baustoffen und angrenzenden Materialien verantwortlich sein können.
- Wenn bereits kontaminierte Materialien bei der Lagerung mit Feuchtigkeit in Berührung kommen, können die anhaftenden Mikroorganismen in die Wachstumsphase eintreten. Dann kann es zu einer Lieferung oder einem Einbau von bereits mikrobiell belasteten Materialien kommen. Es sind viele Fälle bekannt, bei denen Gipskartonplatten oder ähnliche Materialien im Freien gelagert wurden und bereits vor dem Einbau so stark mikrobiell geschädigt waren, dass sie nicht mehr verarbeitet werden konnten.

Praxistipp

Zu bedenken ist, dass nicht jedes Wachstum für das menschliche Auge sichtbar ist und daher prinzipiell auf eine trockene Lagerung geachtet werden sollte. Auch beim Transport oder dem Einbau von Materialen können Mikroorganismen von einem Material ein anderes kontaminieren.

Vektorielle Kontaminationen

Übertragung durch Vektoren

Tiere und Menschen können Vektoren (aus dem Lateinischen für Träger oder Fahrer) sein. Dabei sind sie in der Regel selbst mit den Mikroorganismen kontaminiert und übertragen diese von einem Ort, an dem sich bereits Mikroorganismen befinden, zu noch nicht kontaminierten Orten. Im Labor kann man dies gelegentlich direkt beobachten, wenn sich in einer Petrischale mit Nährmedium eine bereits hohe Konzentration an Schimmelpilzen oder Bakterien befindet und die Schale mit Milben verunreinigt ist. Die Milben wandern im Brutraum von dieser Schale zur nächsten, und überall dort, wo ihre Beine das Medium einer neuen Schale berühren, wachsen nach einigen Tagen neue Kolonien und machen so die Laufspuren der Milben sichtbar.

Hinweis

Milben (oder auch Menschen) können Mikroorganismen von einem bereits kontaminierten Ort zu noch nicht kontaminierten Baumaterialen transportieren.

1.2.3 Überlebensstrategie der Mikroorganismen

Wenn sich Mikroorganismen in einer optimalen Nährlösung mit niedermolekularen organischen Verbindungen befinden (z. B. Glukose und Aminosäuren), ist ihre Nahrungsaufnahme unkompliziert, denn sie müssen nur die Nährstoffe durch ihre Zellwände in ihren Stoffwechsel schleusen, um weiterleben zu können. Wenn die nötigen organischen Verbindungen in der Umgebung jedoch knapp werden oder aufgebraucht sind, wird ihre Nahrungsbeschaffung komplizierter, denn Mikroorganismen haben keine Möglichkeit, höhermolekulare Verbindungen (z. B. Proteine, Stärke, Zellulose) direkt aufzunehmen. Sie haben dann 3 Möglichkeiten:

- Sie können Enzyme an ihre Umgebung abgeben, um diese Moleküle wie mit einer Schere zu zerlegen, und diese zerlegten Moleküle anschließend aufnehmen. Diese Art der Nahrungsbeschaffung kostet jedoch Energie und hat den Nachteil, dass andere Mikroorganismen, die solche Verbindungen auch verwerten können, ohne sie zerlegen zu müssen, schlichtweg schneller sind.
- Sie können darauf warten, dass sich die Lebensbedingungen wieder ändern (und in der Zwischenzeit Sporen bilden, um die widrigen Umweltbedingungen zu überleben). Das hat aber den Nachteil, dass kein weiteres Wachstum möglich ist, die meisten Hyphen absterben und eben nur die Sporen (mehr schlecht als recht) überleben.
- Sie können versuchen, zur nächsten Nahrungsquelle zu gelangen. Den dazu notwendigen chemischen Spürsinn für Nahrungsquellen haben viele Mikroorganismen, sodass dies im Prinzip eine sicherere Überlebensstrategie ist als das Abwarten besserer Zeiten.

Hinweis

Wenn die vorhandene Nahrung verbraucht ist, haben Mikroorganismen sehr wenige Möglichkeiten zu überleben. Sie können neue Nahrungsquellen durch Bewegung aufsuchen, sich einkapseln und auf bessere Zeiten warten oder sie können sterben. Von diesen Alternativen ist die Bewegung die erfolgversprechendste Überlebensstrategie.

1.2.4 Fortbewegung von Mikroorganismen

Auf Baumaterialien sind die Bewegungsmöglichkeiten von Mikroorganismen sehr begrenzt. Sie können passiv bewegt werden, indem Wasser sie wegspült (Kapitel 1.2.4.1), Vektoren sie mitnehmen (Kapitel 1.2.2.2) oder sie durch die Luft fortgetragen werden (Kapitel 1.2.4.2). Sie können sich andererseits auch aktiv „fortbewegen", indem sie z. B. über Stellen mit weniger gutem Nahrungsangebot hinwegwachsen.

1.2.4.1 Passive Fortbewegung durch Wasser

Fließendes freies Wasser

Wasser kann Mikroorganismen sehr gut und schnell transportieren. Die Transportrichtung und die Wirkung des Wassers hängen dabei von mehreren Faktoren ab. Zunächst einmal muss freies Wasser vorhanden sein, was vor allem bei Kondenswasserschäden nicht immer der Fall ist. Des Weiteren darf das Wasser nicht in Form von Wasserdampf vorliegen, weil gasförmiges Wasser Partikel und Mikroorganismen nicht transportieren kann. Sind die entsprechenden Voraussetzungen gegeben, kann das fließende freie Wasser die Mikroorganismen zu anderen Baumaterialien transportieren. Dort bleiben sie an der Oberfläche des Materials, wenn die Materialporen nicht so groß sind, dass die Mikroorganismen auch in das Material eindringen können. Beispielsweise können Mikroorganismen nicht direkt in Styropor eindringen, sondern müssen in die vorhandenen Zwischenräume einwachsen. Ähnlich ist es bei Gipskarton, in dem die Mikroorganismen meist nur oberflächlich nachgewiesen werden, obwohl das Material nicht nur oberflächlich feucht ist.

Ob Mikroorganismen zum Wachstum angeregt werden, während das Wasser sie bewegt, hängt von den Inhaltsstoffen des Wassers ab: Je alkalischer das Wasser ist und je weniger Nährstoffe es enthält, desto unwahrscheinlicher ist eine Aktivierung. Tatsächlich durchlaufen Mikroorganismen während des Transports nur selten irgendeine Wachstumsphase. Hier tritt eine Zeitverzögerung ein, die man u. U. für Gegenmaßnahmen nutzen kann.

Wasserschäden in Alt- oder Neubauten

In allen Fällen von Transport durch Wasser ist es daher sehr wichtig zu unterscheiden, ob die Mikroorganismen nur bewegt werden oder ob der Inhalt des Wassers und die Umgebung ein Wachstum begünstigen. Beispielsweise können Wasserschäden in Altbauten, in denen die Betonsohle nicht so alkalisch ist wie bei Neubauten, in sehr kurzer Zeit (7 bis 14 Tage) zu mikrobiellen Schäden führen, während die Mikroorganismen in Neubauten längere Zeit (> 14 Tage) brauchen, um Schäden in der Fußbodenkonstruktion zu verursachen.

1.2.4.2 Aktive Fortbewegung

Apikales und filamentöses Wachstum

Mikroorganismen haben meist keine Strukturen für eine aktive Fortbewegung. Dennoch können sie sich z. B. durch Längenwachstum „fortbewegen". Schimmelpilze können in die Länge wachsen, indem sie sich jeweils an der Hyphenspitze ausdehnen (apikales Wachstum). Die Hyphen können auch Verzweigungen bilden, sodass sich das Myzel in alle Richtungen auf der Materialoberfläche verteilen kann, um oberflächliche Nährstoffe aufzunehmen. Dieses Wachstum nennt man filamentös. Es findet auf Oberflächen ohne Wasserfilm, nur mit einer erhöhten relativen Luftfeuchtigkeit, statt. Filamentöses Wachstum bewirkt sowohl eine Lageveränderung als auch eine Überbrückung von trockenen oder nährstoffarmen Gebieten auf den Baustoffen.

1.2.4.3 Transport durch die Luft

Das energieverbrauchende Längenwachstum des Substratmyzels wird ergänzt durch einen Weitertransport durch Luftbewegungen, indem die Sporen über das Luftmyzel in die Raumluft abgegeben werden.

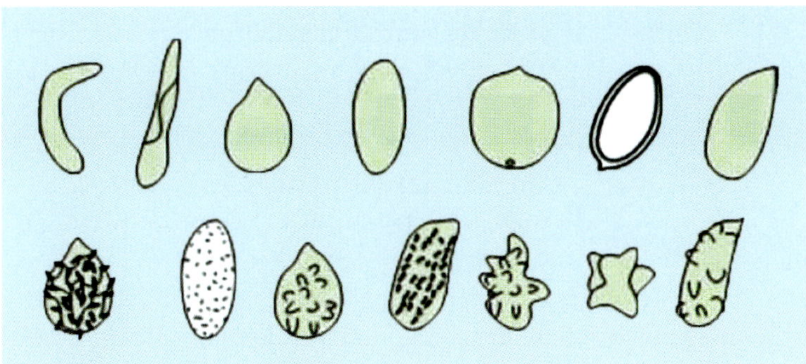

Abb. 1.12: Sporenoberflächen

Generell ist das „Flugverhalten“ der Mikroorganismen sehr unterschiedlich:

- Extrem kleine Mikroorganismen wie die Sporen des Bakteriums *Streptomyces* mit einer Größe von etwa 1 Mikrometer (1 µm = 0,001 mm) Durchmesser folgen nach der Freisetzung von einer Oberfläche den Luftbewegungen. Ihr Gewicht ist so gering, dass sie schweben statt auf den Boden zu sinken.
- Größere Sporen oder zusammengeklebte Sporenansammlungen fallen fast wie ein Stein zu Boden.
- Einige Sporen vergrößern ihre Oberfläche z. B. durch Einkerbungen, Ausbuchtungen, Rillen, Dornen und Härchen (Abb. 1.12). Sie verbessern damit ihre Flugeigenschaften, sodass sie auch, wenn sie größer sind, nicht fallen, sondern allmählich absinken und auch leichter wieder aufgewirbelt werden können.

Sporen nutzen eine „Startrampe“

Bei den Schimmelpilzen kommt hinzu, dass das Luftmyzel nicht in die Breite oder Tiefe, sondern in die Höhe wächst und daher von der Oberfläche in bewegte Luftschichten hineinragt. Die an solchen Strukturen entstehenden Sporen haben damit eine „Startrampe“, die höher liegt und vielleicht den einen oder anderen Luftzug abbekommt. Die Sporen werden also leichter von den Konidiophoren gelöst und möglicherweise weiter fortgetragen. Eine längere Verweildauer in der Luft bedeutet sowohl einen größeren Abstand von ihrem Herkunftsort als auch die Möglichkeit, höher gelegene Oberflächen wie Wände und Decken zu erreichen.

1.3 Stoffwechselprodukte von Schimmelpilzen

Innerhalb der Schimmelpilzzellen laufen viele chemische Reaktionen ab, bei denen man zwischen einem Primär- und einem Sekundärstoffwechsel unterscheidet.

Primärstoffwechsel

Entstehung von Primärmetaboliten

Der Primärstoffwechsel ist der Hauptstoffwechsel aller Zellen und ist hauptsächlich auf die Erhaltung und Vermehrung abgestimmt. Der Primärstoffwechsel ist bei den meisten Schimmelpilzen ähnlich und die hier entstehenden Stoffwechselprodukte, die Primärmetaboliten, sind in der Regel für andere Organismen ungiftig. Bei den Primärmetaboliten handelt es sich um niedermolekulare Bestandteile der Zelle, z. B. Aminosäuren, Vitamine oder Nukleotide, oder die Zwischenprodukte des intermediären Stoffwechsels, z. B. die Säuren des Zitronensäurezyklus. Alkohol ist ein typisches Beispiel für den Primärstoffwechsel. Alkohole, z. B. Ethanol, entstehen als Teil der Energiegewinnung. Da Wachstum nur stattfinden kann, wenn Energie vorliegt, findet die Gewinnung von Alkohol parallel zum Wachstum, im primären Stoffwechsel, statt.

Sekundärstoffwechsel

Unterschiedliche Sekundärmetaboliten

Der Sekundärstoffwechsel ist nicht an lebenswichtigen, inneren Funktionen der Zellen beteiligt, sondern findet verstärkt in Ruhephasen oder unter äußerer Limitierung z. B. durch Einwirkung von anderen Mikroorganismen statt. Jeder Schimmelpilz bildet unterschiedliche sekundäre Stoffwechselprodukte, sodass diese sehr vielfältig sind. Welche und wie viele Sekundärmetaboliten gebildet werden, hängt stark von den Wachstumsbedingungen und von den verfügbaren Nährstoffen ab. Schimmelpilze einer Gattung können so bei unterschiedlichen Nährstoffen und Umwelteinwirkungen unterschiedliche Stoffwechselprodukte produzieren.

Mykotoxine und Antibiotika

Im Sekundärstoffwechsel werden unter anderem Mykotoxine (Kapitel 1.4.2) und Antibiotika produziert, die auch Vorteile für den Konkurrenzkampf mit anderen Mikroorganismen haben. Ziel ist unter anderem die Hemmung oder der Tod von Nährstoffkonkurrenten und Fressfeinden. Ein Beispiel eines Sekundärmetaboliten ist ein bestimmtes Penicillin, das vom Schimmelpilz *Penicillium chrysogenum* gebildet wird. Es werden aber auch Substanzen produziert, die industriell verwendet werden, z. B. in der Lebensmittelherstellung.

Die Sekundärmetaboliten können in hoher Überproduktion gebildet werden, wohingegen die Primärmetababoliten selten in bedeuten Mengen produziert werden können.

1.4 Gesundheitliche Auswirkungen von Schimmelpilzen und Geruchsbelästigung

Keine Dosis-Wirkung-Beziehung

Schimmelpilze werden mit verschiedensten Gesundheitsbeschwerden in Zusammenhang gebracht. Grundsätzlich ist die Einschätzung, ob und wie stark Schimmelpilze krankheitserregend wirken, im Einzelfall sehr schwierig. Es gibt bei Mikroorganismen keine definitive Dosis-Wirkung-Beziehung, d. h., selbst wenn die genaue Anzahl der Mikroorganismen bekannt wäre, könnte man daraus noch keine Aussage ableiten, ob oder wie stark jemand erkranken wird, der mit ihnen in Kontakt kommt. Es ist noch nicht einmal die Vorhersage möglich, wie eine Person bei Kontakt mit Schimmelpilzen und Bakterien überhaupt reagiert. Im Folgenden sind einige gesundheitliche Aspekte kurz erläutert. Im Anhang dieses Buchs wird Literatur genannt, in denen die möglichen Gesundheitsschäden weiterführend behandelt werden.

Eine Schimmelpilzexposition kann unterschiedliche (gesundheitsschädliche) Auswirkungen haben:

- Bestandteile der Schimmelpilze können allergen wirken, d. h., es kann eine Allergie entstehen.
- Schimmelpilze können Mykotoxine (Gifte, Kapitel 1.4.2) produzieren und damit eine Intoxikation hervorrufen.
- Schimmelpilze können den Menschen (insbesondere solche mit reduzierten Abwehrkräften) infizieren und eine Infektion, z. B. der Bronchien und Lungen, hervorrufen.
- Von den Schimmelpilzen produzierte Substanzen können zur Geruchsbelästigung führen.

1.4.1 Allergie

Überreaktion auf eigentlich harmlose Fremdkörper

Eine Allergie ist eine Überreaktion des Immunsystems auf einen normalerweisen harmlosen Fremdkörper oder Stoff. Man unterscheidet dabei 4 Allergietypen (Tabelle 1.4). Grundsätzlich kann davon ausgegangen werden, dass alle innenraumrelevanten Schimmelpilze eine Allergie auslösen können. Durch die Einatmung von

Sporen, Myzelbruchstücken, Zellbestandteilen oder Stoffwechselprodukten kann es zu einer Sensibilisierung und später zu einer Allergie kommen. Die Allergene, d. h., die Stoffe, auf die das Immunsystem überreagiert, befinden sich auf der Zelloberfläche der Mikroorganismen und sind daher auch vorhanden, wenn die Zelle inaktiv oder tot ist. Wie bei einem Heuschnupfen, bei dem man auch nicht einschätzen kann, ob und wie stark eine Person auf eine bestimmte Pollenart reagiert, weiß man auch bei Schimmelpilzen nicht, ob und wie stark die Sensibilisierung oder die Allergie eintritt.

Hinweis

Eingeatmete Schimmelpilzbestandteile können eine Allergie auslösen, unabhängig davon, ob es sich dabei um lebende Zellen, abgestorbene Zellbestandteile oder Sporen im beliebigen Aktivitätszustand handelt.

Tabelle 1.4: Zusammenfassung der Allergietypen

Allergietyp	Reaktionsart	Auftreten der Symptome	Beispiele
Typ I	Sofortreaktion	Sekunden bis Minuten	allergischer Schnupfen (allergische Rhinitis), Asthma
Typ II	zytotoxischer Typ	Stunden bis Tage	Penicillinallergie
Typ III	Bildung von Immunkomplexen	Stunden	Farmerlunge, Entzündung an Gelenken
Typ IV	verzögerte Reaktion	Tage bis Wochen	Entzündungsreaktion, z. B. im Darm, Rheuma

1.4.2 Toxine

Mykotoxine

Toxine sind Gifte. Schimmelpilze bilden in ihrem Sekundärstoffwechsel Mykotoxine (Kapitel 1.3). Sie dienen vermutlich in erster Linie dazu, andere Mikroorganismen abzuwehren. Allerdings können Mykotoxine schon in kleinsten Mengen auch auf Menschen und Tiere giftig wirken. Was sie noch gefährlicher macht, ist, dass sie gegen Hitze und Säuren sehr beständig sind, also nur ganz schwer zerstört werden können. Oft sind Mykotoxine wie die Allergene an die Oberflächenstrukturen der Zellen gebunden und daher auch noch wirksam, wenn die Zelle inaktiv oder tot ist.

Mykotoxine werden meistens über die Nahrung aufgenommen (verschimmelte Lebensmittel), aber auch durch inhalative Aufnahme von Schimmelpilzen kann es zu einer Vergiftung kommen. Symptome einer Intoxikation können schwere Wahrnehmungsstörungen sein, aber auch extreme Müdigkeit und neurotoxische Symptome.

1.4.3 Infektion

Aspergillose

Von einer Schimmelpilzinfektion wird gesprochen, wenn Schimmelpilze in den Organismus z. B. eines Menschen eindringen, dort verbleiben und sich vermehren. Dies gelingt nur aktiven und lebensfähigen Schimmelpilzen und betrifft meist immungeschwächte Personen (z. B. Krebs-, AIDS- oder Transplantationspatienten). Eine bekannte Schimmelpilzinfektion ist die sog. Aspergillose, die durch den Schimmelpilz *Aspergillus* ausgelöst wird. Dabei sind oft die Atemwege, manchmal auch die Lunge betroffen, und es kann u. a. zu den Symptomen einer Bronchitis oder Lungenentzündung kommen.

Hinweis

Allergie – unabhängig von der Menge und Lebenszustand der Mikroorganismen
Intoxikation – unabhängig vom Lebenszustand der Mikroorganismen
Infektion – erfordert lebensfähige und aktive Mikroorganismen

1.4.4 Geruchsbelästigung

1.4.4.1 Physiologie des Riechens

Duftmoleküle binden an Riechrezeptoren

Die Träger der Gerüche sind Duftmoleküle, die bei der Einatmung zur Riechschleimhaut in der oberen Nase gelangen. Dort gibt es viele verschiedene Riechrezeptoren, also Zellen, an die Duftmoleküle gebunden werden und die diese Bindung dann in Form einer elektrischen Erregung weiterleiten. Obwohl sich die Rezeptoren unterscheiden, sind sie nicht spezifisch, d. h., dass das ein Rezeptor nicht nur für ein spezielles Duftmolekül zuständig ist, sondern unterschiedliche Duftmoleküle aufnehmen kann. Umgekehrt kann ein Duftmolekül nicht nur an einen, sondern an mehrere verschiedene Rezeptoren binden. Erst durch die gleichzeitige Aktivierung unterschiedlicher Riechrezeptoren ergibt sich der Geruch, den man wahrnimmt. Dabei kann die Konzentration an Duftstoffmolekülen, die einen Geruch auslöst, sehr unterschiedlich sein: Einige Duftstoffe lösen bereits mit wenigen Molekülen pro Rezeptor eine Geruchswahrnehmung aus, bei anderen ist dafür die 100-fache Menge notwendig. Generell hält eine Geruchswahrnehmung nicht lange an: Riechzellen stellen sich auf Gerüche (Reize) ein und passen sich an diese an. Die Rezeptoren verlieren relativ schnell ihre Empfindlichkeit nach der ersten Einwirkung der Duftmoleküle. Dies ist z. B. zu beobachten, wenn man eine Wohnung betritt und ein Schimmelgeruch auffällt, der aber nach kurzer Zeit nicht mehr bewusst wahrgenommen werden kann.

1.4.4.2 Wahrnehmung von Gerüchen

Intensität der Wahrnehmung

Während der Prozess des Riechens bei allen (gesunden) Menschen grundsätzlich auf gleiche Weise abläuft, ist die Intensität einer Geruchswahrnehmung nicht nur von Stoff zu Stoff, sondern auch von Mensch zu Mensch sehr unterschiedlich. Darüber hinaus kann die Wahrnehmungsschwelle von Gerüchen auch bei ein und derselben Person variieren. Man weiß z. B., dass bestimmte Gerüche bei Hunger früher wahrgenommen werden oder dass Frauen in der Schwangerschaft Gerüche anders oder intensiver wahrnehmen.

Bewusste oder unbewusste Wahrnehmung

Darüber hinaus können Gerüche bewusst oder unbewusst wahrgenommen werden und beim Menschen bewusste und unbewusste Reaktionen herbeiführen. Die bewusste Geruchserkennung braucht eine höhere Konzentration an Geruchsstoffen, um zu reagieren, denn die Geruchsschwelle ist höher als die, die eine unbewusste Reaktion auslöst.

1.4.4.3 Bewertung von Gerüchen

Der Geruchssinn steht in Verbindung mit Strukturen im Gehirn, die für Gefühlsreaktionen verantwortlich sind. Deswegen können Gerüche die Erinnerung z. B. an einen Ort auslösen und hierdurch zu positiven oder negativen Gedanken und zu stärksten Gefühlen führen. Gerüche können Stimmungen, Sozialverhalten, Sympathie und Antipathie steuern. Die von ihnen ausgelösten körperlichen und psychischen Assoziationen und Reaktionen werden beeinflusst von Alter, Geschlecht, hormonellen Status (z. B. Schwangerschaft) oder erlebte und gespeicherte positive und negative Erfahrungen.

Hinweis

Welchen Geruch ein Mensch wahrnimmt und ob er ihn als unangenehm empfindet oder nicht, ist sehr unterschiedlich und subjektiv.

1.4.4.4 Gerüche durch Schimmelpilze und Bakterien

Keine eindeutige Geruchsbelästigung

Bei Schimmelpilzen, von denen man weiß, dass sie Geruchsstoffe produzieren, kann es also trotzdem sein, dass sie nicht von jedem als Geruchsbelästigung wahrgenommen werden. Die Beurteilung einer Geruchsbelästigung wird des Weiteren dadurch erschwert, dass nicht alle Schimmelpilze Geruchsstoffe produzieren und in einigen Fällen zwar eine Geruchsbelästigung vorliegt, diese aber von gleichzeitig vorhandenen Bakterien verursacht wird (Kapitel 1.1.2.2). Man kann also nicht von eindeutigen Geruchsbelästigungen bei Schimmelpilzschäden sprechen.

Wenn aber eine Geruchsbelästigung angegeben wird, dann kann sie die Betroffenen stark beeinträchtigen. Fast jeder hat schon die Erfahrung gemacht, dass schlechte Gerüche sehr unangenehm sein können – bis hin zu Übelkeit und Erbrechen. In geringeren, aber länger anhaltenden Dosierungen kann ein solcher schlechter Geruch auch Stress auslösen und Krankheitssymptome hervorrufen.

2 Mikrobiologische Analytik bei Feuchteschäden

2.1 Bedeutung der mikrobiologischen Analytik

Stockflecken

Da auch stark besiedelte Baumaterialien für das menschliche Auge unbelastet aussehen können, kann eine Sichtprüfung des Baumaterials immer nur ein erster Schritt sein. Weil das Myzel von Schimmelpilzen mit dem menschlichen Auge erst zu erkennen ist, wenn die Konzentration der Schimmelpilze sehr hoch ist, bleibt ein Bewuchs mit Schimmelpilzen lange Zeit unsichtbar. Stockflecken sind ein gutes Beispiel für das langsame Sichtbarwerden einer Schimmelpilzkontamination. Die schwarzen Flecken sind pigmentierte Schimmelpilze in einer hohen Konzentration, die Bereiche um die Flecken herum sind aber ebenfalls bereits von Myzel besiedelt, das allerdings noch nicht sichtbar ist. Was der Mensch an mikrobieller Kontamination sehen kann, ist immer nur die „Spitze des Eisbergs".

Kontamination von Polystyrol

Insbesondere bei Polystyrol wird immer wieder gesagt, dass es nicht oder nur schwer von Schimmelpilzen und Bakterien besiedelt wird. Die Sichtprüfung scheint dies auch zu bestätigen und ergibt bei einem weißen, scheinbar sauberen Polystyrol einen unauffälligen Befund (Abb. 2.1). Im Labor stellt sich dann aber möglicherweise eine starke mikrobielle Kontamination heraus. Mikroorganismen ernähren sich von organischem Kohlenstoff (Kap. 1.2.1), der sowohl im Polystyrol als auch in der üblichen Verschmutzung des Baustoffs (u. a. Staub) enthalten ist. Wenn das Material einer erhöhten Feuchtigkeit ausgesetzt ist, kann es zu einem mikrobiellen

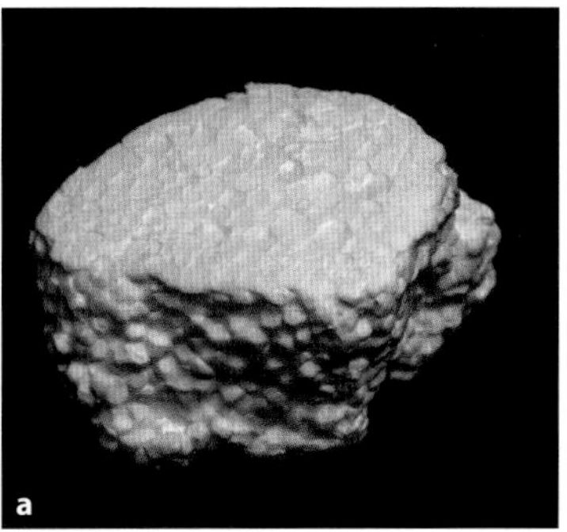

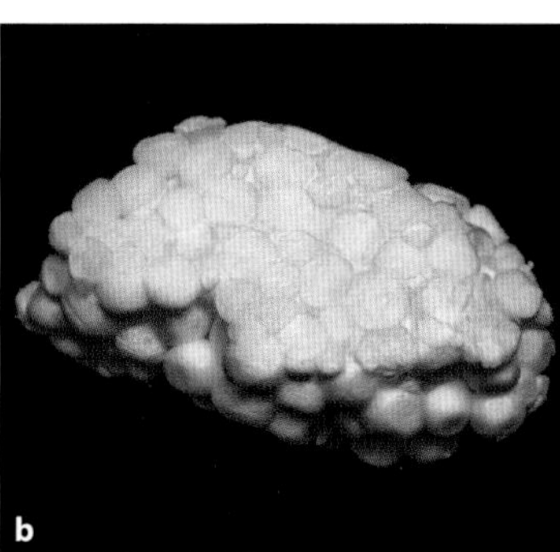

Abb. 2.1: Polystyrol im unbelasteten (a) und belasteten (b) Zustand

Wachstum kommen. Häufig wird Polystyrol unter einem anderen Material verbaut, z. B. unterhalb des Estrichs. Pigmente und Sporen bilden sich verstärkt, wenn sie mit Licht und Luft in Berührung kommen. Dies ist z. B. in der Estrichdämmschicht nicht der Fall. Wenn das Polystyrol jedoch einer erhöhten relativen Luftfeuchtigkeit ausgesetzt war, kann es sein, dass es stark mit Schimmelpilzen und Bakterien belastet ist.

Möglichkeiten der mikrobiologischen Analytik

Mikrobiologische Analytik kann aber noch viel mehr, als Schimmelpilze und Bakterien nachzuweisen. Die Zusammensetzung der Mikroflora, die Stoffwechselaktivität und die Konzentration des Bewuchses liefern wichtige Informationen, um Schimmelpilzschäden verstehen und bewerten zu können. Verschiedene Fragestellungen, die bei einem Feuchteschaden entstehen und die mittels mikrobiologischer Analytik beantwortet werden sollen, bedürfen unterschiedlicher Analysemethoden. Die Ergebnisse dieser Analysen müssen richtig interpretiert werden. Dieses Buch stellt mikrobiologische und chemische Analysemethoden vor, die für den Bereich Schimmelpilzschäden in Innenräumen relevant sind. Ziel dieses Kapitels ist es, mikrobiologisches Wissen zu vermitteln, damit die richtige Analyseart für die entsprechende Fragestellung ausgewählt und die Analyseergebnisse richtig interpretiert werden können. Durch Erläuterung der Methoden in Verbindung mit den Besonderheiten der Mikroorganismen und der Beantwortung von Praxisfragen soll dieses Ziel erreicht werden.

Hinweis

Die mikrobiologische Analytik spielt bei der Beurteilung von Feuchteschäden eine zentrale Rolle.

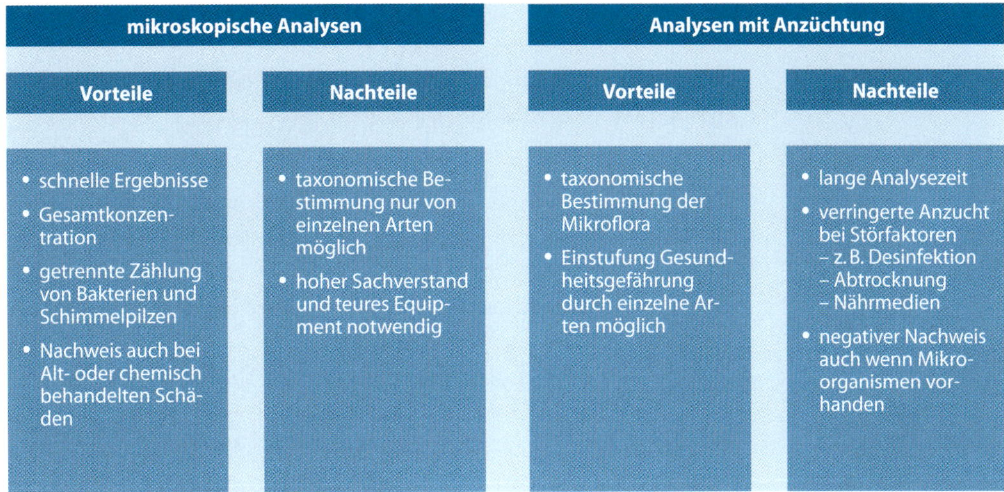

Abb. 2.2: Vor- und Nachteile der Analysemethoden

2.2 Analysemethoden

In der mikrobiologischen Analytik können grundsätzlich 2 Prinzipien unterschieden werden (Abb. 2.2): *Prinzipien*

- **Mikroskopische Analysen** sind mikrobiologische Untersuchungen, die mittels Mikroskop durchgeführt werden. Sie haben den Vorteil, schnell zu einem Ergebnis zu kommen, aber den Nachteil, dass nicht alle Schimmelpilze namentlich benannt werden können.
- Die **Anzüchtung von Mikroorganismen** findet auf Nährmedien statt. Dies hat den Vorteil, dass die einzelnen gewachsenen Arten taxonomisch (namentlich) bestimmt werden können. Nachteile der Methode sind die längere Laborzeit, die die Anzüchtung in Anspruch nimmt, und, dass nicht alle vorhandenen Mikroorganismen erfasst werden, weil nicht alle Schimmelpilze und Bakterien auf den Nährmedien wachsen.

Proben können mit 3 Analysemethoden untersucht werden: *Methoden*

- Bestimmung der Gesamtzellzahl (GZ)
- Bestimmung der biochemischen Aktivität oder Stoffwechselaktivität (BA)
- Anzüchtung Kolonie bildender Einheiten (KBE)

Die Bestimmung der Gesamtzellzahl und die Bestimmung der biochemischen Aktivität sind mikroskopische Analysen, die Untersuchung Kolonie bildender Einheiten ist eine Methode, die mit der Anzüchtung von Mikroorganismen arbeitet.

Standards

In Deutschland hat sich die Anzüchtung der KBE als Standard etabliert, da diese Methode von den meisten Laboren durchgeführt und damit die Zusammensetzung der Mikroflora bestimmt werden kann. Um einen Feuchteschaden verstehen zu können und viele Informationen zu erhalten, empfiehlt sich jedoch die Bestimmung der Gesamtzellzahl. In vielen anderen Bereichen, wie z. B. der Meeresbiologie oder Lebensmittelbiologie, ist diese Methode schon lange Standard, wird jedoch in der Schimmelpilzanalytik häufig als exotisch eingestuft. Teure Laborinstrumente und Know-how sind erforderlich, um diese Methode anzuwenden und scheinen eine Hürde zu sein, sodass viele Labore die Gesamtzellzahl nicht bestimmen.

Im Folgenden werden einzelne Analysemethoden generell erläutert. Anschließend werden diese Methoden auf Material-, Staub- und Luftproben angewendet und Vor- und Nachteile aufgezeigt.

2.2.1 Bestimmung der Gesamtzellzahl (GZ)

Anfärbung und Auszählung

Die Bestimmung der Gesamtzellzahl (die meist nur kurz als Gesamtzellzahl bezeichnet und mit GZ abgekürzt wird) ist eine mikroskopische Untersuchung, bei der die vorhandenen Mikroorganismen mikroskopisch getrennt nach Schimmelpilzen und Bakterien gezählt werden, unabhängig davon, ob die Zellen aktiv, inaktiv oder abgestorben sind. Um die Mikroorganismen sichtbar zu machen, werden sie zuerst mit einem speziellen Farbstoff angefärbt. Dieser Farbstoff setzt sich an die Desoxyribonukleinsäure (DNA) bzw. Ribonukleinsäuren (RNA) einer Zelle und markiert diese. Die so markierten Zellen sind in der Fluoreszenzmikroskopie, einer speziellen Art der Lichtmikroskopie, als leuchtende Zellen zu erkennen.

Vorteile

Der Vorteil der Gesamtzellzahl ist, dass alle Mikroorganismen in der untersuchten Probe erfasst werden und somit eine Aussage über die Gesamtkonzentration möglich ist. Ein weiterer Vorteil ist, dass die Proben sehr schnell bearbeitet werden können und ein Ergebnis innerhalb weniger Stunden vorliegt.

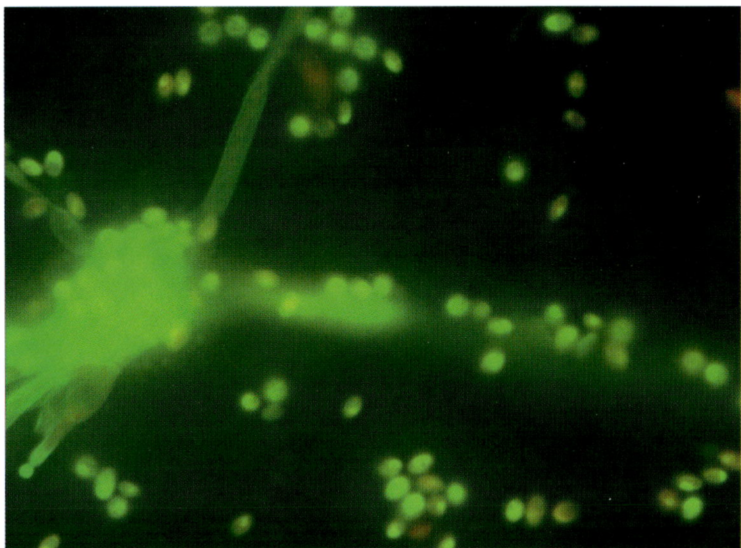

Abb. 2.3: Gesamtzellzahl

Nachteile

Der Nachteil dieser Methode ist, dass – auch wenn Schimmelpilzsporen, Myzel und Bakterien getrennt gezählt werden – die Mikroorganismen nur selten taxonomisch bestimmt werden können.

2.2.2 Anzüchtung Kolonie bildender Einheiten (KBE)

Keimfähige Schimmelpilze und Bakterien bilden Kolonien

Die Nachweismethode der Kolonie bildenden Einheiten (die meist nur kurz als KBE-Methode oder KBE bezeichnet wird) gehört zu den Analysen, bei denen die Mikroorganismen angezüchtet werden. In einer Petrischale befindet sich ein Nährmedium, der Agar. Seine Zusammensetzung kann je nach Analysemethode oder Mikroorganismus variieren; Schimmelpilze und Bakterien haben sehr unterschiedliche Anforderungen an den Nährboden. Um entweder das Schimmelpilz- oder das Bakterienwachstum zu hemmen, können dem Agar Zusätze hinzugefügt werden. Nachdem die Mikroorganismen auf den Nährboden aufgebracht wurden, erhalten sie durch den Agar Feuchtigkeit und Nährstoffe und damit ein optimales Wachstumsmilieu. Die keimfähigen Schimmelpilze, Sporen oder

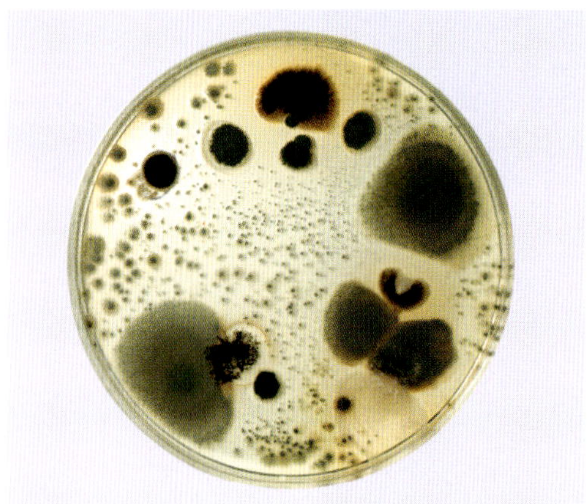

Abb. 2.4: Petrischale mit Schimmelpilzkolonien

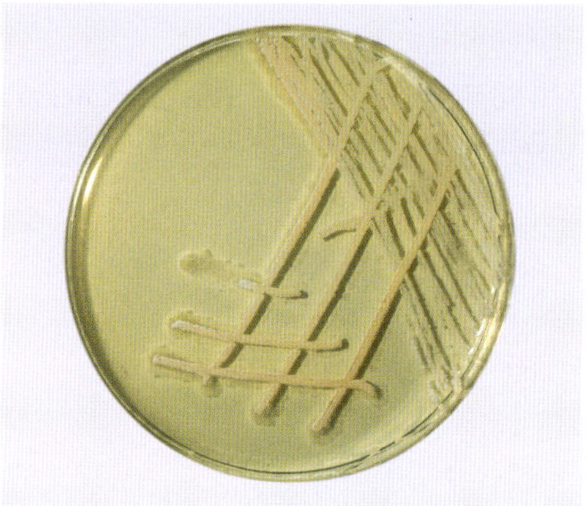

Abb. 2.5: Petrischale mit Bakterienkolonien

Myzelstücke keimen aus und bilden ein Myzel. Ein dichtes Myzel wird für das menschliche Auge sichtbar (Abb. 2.4). Das gewachsene Myzel wird als Kolonie bezeichnet. Bakterien wachsen auf dem Nährboden und bilden durch die Menge der Zellen sichtbare Kolonien (Abb. 2.5). Da nur die keimfähigen Schimmelpilze und Bakterien Kolonien bilden, wird diese Methode auch die Bestimmung der Keimzahl oder Gesamtkeimzahl genannt.

Bacillus und Actinomyceten als Indikatoren

Die Kolonien der Schimmelpilze und der Bakterien werden nach einer Woche Wachstum ausgezählt (quantitativ) und taxonomisch differenziert (qualitativ). Somit kann die Zusammensetzung der Mikroflora bestimmt werden. Bei den Bakterien werden nur die Gattung *Bacillus* und die Actinomyceten ausgewiesen, die restlichen Bakterien werden als Normalflora oder sonstige Bakterien zusammengefasst. Alle Bakterien zu differenzieren wäre sehr zeitaufwendig und kostspielig. Aus diesem Grund werden nur die Gattungen *Bacillus* und die Actinomyceten näher bestimmt. Diese beiden Gattungen sind Indikatoren für Feuchteschäden und bilden Geruchsstoffe, die häufig als „Schimmelgeruch" oder „muffig" bezeichnet werden. Hinzu kommt, dass Actinomyceten Gesundheitsstörungen bei Menschen und Tieren hervorrufen können.

Hinweis

Die Gesamtzellzahl zeigt alle Mikroorganismen in einer Probe, die Arten können aber nicht bestimmt werden. KBE zeigt nur die Mikroorganismen, die im Labor anwachsen und dient als Grundlage für die Artendifferenzierung. Die Gesamtzellzahl ist immer höher als die KBE.

Vorteile

Der Vorteil der KBE-Methode ist es, dass diese Analytik die beste Möglichkeit bietet, Schimmelpilze taxonomisch zu differenzieren.

Nachteile

Die Nachteile dieser Methode sind, dass tote, inaktive und wachstumsunwillige Schimmelpilze und Bakterien nicht erkannt werden und dass das Ergebnis erst nach einer Woche Wachstum vorliegt.

2.2.3 Bestimmung der biochemischen Aktivität (BA)

FDA-Methode

Die Bestimmung der biochemischen Aktivität (abgekürzt mit BA) oder Stoffwechselaktivität wird mit einer speziellen Färbemethode mit dem Farbstoff Fluoresceindiacetat (FDA) durchgeführt. Aufgrund des Farbstoffs wird diese Analytik auch als FDA-Methode bezeichnet. Die FDA-Methode gibt darüber Auskunft, ob bei den Mikroorganismen in der Probe Zellen vorhanden sind, die einen aktiven Stoffwechsel haben. Ähnlich wie bei der Gesamtzellzahl werden die Zellen mit dem Farbstoff FDA markiert, nur dass in diesem Fall ein Enzym, das nur bei einem aktiven Stoffwechsel gebildet wird, den Farbstoff so verändert, dass er von einer ungefärbten Substanz zu einem gefärbten, unter dem Mikroskop leuchtenden Stoff übergeht (Abb. 2.6). Mit der Fluoreszenzmikroskopie werden alle aktiven Zellen, getrennt nach Schimmelpilzen und Bakterien, gezählt. Einige Labore verwenden für die Bestimmung der Stoffwechselaktivität den Nachweis von Adenosintriphosphat

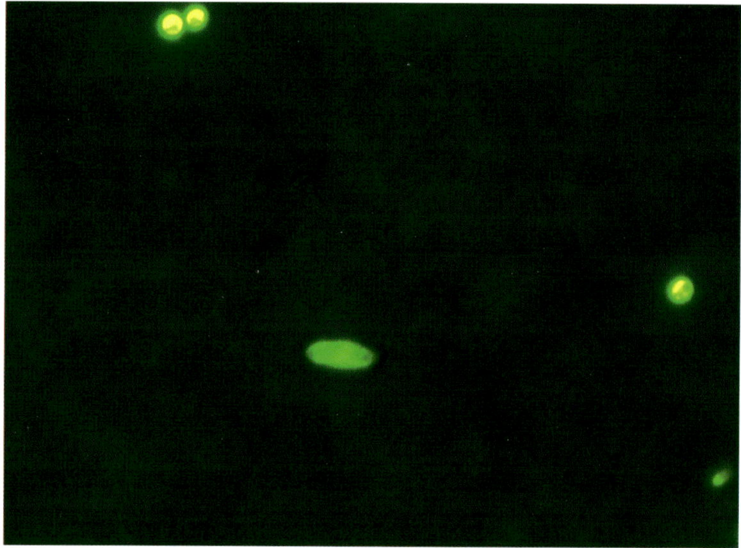

Abb. 2.6: Biochemisch aktive Zelle

(ATP). ATP ist ein Zellmolekül, das bei der Energiegewinnung entsteht. Dieses Verfahren besagt, ob ATP in den Zellen vorhanden ist oder nicht, kann aber nicht die Anzahl an aktiven Zellen quantifizieren.

Vorteile

Auch mit der FDA-Methode ist eine quantitative Aussage möglich. Außerdem bildet diese Methode die Grundlage für die Altersbestimmung von Schimmelpilzschäden (Kap. 2.4.2.3).

Nachteile

Ähnlich wie bei der Bestimmung der Gesamtzellzahl ist eine taxonomische Bestimmung nicht möglich.

2.3 Hintergrundwerte und Ergebnisvergleiche

Schimmelpilze und Bakterien sind allgegenwärtig (Kap. 1.2.2). Daher ist auch auf einem unbelasteten Material eine gewisse Konzentration an Mikroorganismen nachzuweisen. Dieser Hintergrundwert oder auch Normalwert ist noch nicht allgemeingültig definiert. In der Praxis ist das oft ein Problem und führt immer wieder zu Rechtsstreitigkeiten.

Jedes Labor ermittelt eigene Hintergrundwerte

In der mikrobiologischen Analytik führt jede kleine Abweichung zu unterschiedlichen Ergebnissen. Daher ist es wichtig, die Probenaufbereitung und die Analysemethoden zu vereinheitlichen. Wenn dies geschehen würde, könnten allgemeingültige Hintergrundwerte definiert werden und die Laborergebnisse wären dann direkt vergleichbar. Aktuell ermittelt jedes Labor mit der gewählten Probenaufbereitung und Analytikmethode seine eigenen Hintergrundwerte, die es dann regelmäßig überprüft. Ergebnisse des Labors 1 können daher nicht direkt mit den Bewertungskriterien des Labors 2 beurteilt werden – oder umgekehrt. Das heißt aber nicht, dass sich auch die Bewertungen von Labor 1 und Labor 2 unterscheiden, denn selbst wenn sie unterschiedliche Aufbereitungen und Analysen anwenden und unterschiedliche Hintergrundwerte erhalten, können sie sich in der Bewertung der Ergebnisse doch einig sein.

Probenaufbereitung im Ringversuch

Um eine Laborleistung zu überprüfen, werden vom Landesgesundheitsamt Baden-Württemberg externe Ringversuche angeboten, in denen die Labore ihre Kenntnisse unter Beweis stellen können. Zweimal im Jahr differenzieren die teilnehmenden Labore 6 Schimmelpilze nach Art und Gattung und bearbeiten eine Realprobe, um ihre Laborqualität zu überprüfen. Die in diesem Ringversuch vorgeschriebene Probenaufbereitung ist für die meisten Labore in Deutschland zum Standard geworden. Das Umweltbundesamt und das Landesgesundheitsamt Baden-Württemberg haben 2014 eine Studie mit Hintergrundwerten veröffentlicht. Bei der Probenaufarbeitung wurden jedoch nicht die Vorgaben des Ringversuchs beachtet. Die veränderte Probenaufbereitung der Versuchsreihe führte zu höheren Hintergrundwerten. Weil aber bereits kleinste Abweichungen der Probenbearbeitung möglicherweise unterschiedliche Ergebnisse hervorrufen, können die meisten Labore die in dieser Versuchsreihe ermittelten Hintergrundwerte nicht anwenden.

Hinweis

Hintergrundwerte sind für die Beurteilung von Schimmelpilzschäden enorm wichtig. Ziel muss es sein, Proben einheitlich aufzubereiten und zu bewerten.

2.4 Materialproben

Bei einer Materialprobe werden Baustoffe oder andere in Innenräumen vorkommende Materialien wie z. B. Textilien untersucht. Das Material kann gezielt und entsprechend der Fragestellung entnommen und das Analyseergebnis direkt in Bezug auf den Entnahmeort interpretiert werden.

Analytik je nach Material

Je nachdem, welche Analytik durchgeführt werden soll, müssen diese Proben unterschiedlich aufbereitet werden. Ein Material muss zerrupft werden, ein anderes wird gemahlen und das nächste geschnitten. Dabei ist nicht jedes Material für jede Analytik geeignet. Feste Oberflächen wie z. B. Gipskarton bieten eine andere Grundlage als faserige Materialien wie Mineralwolle oder Teppiche. Schwere Baustoffe wie Beton sind anders zu bearbeiten und zu bewerten als leichtes Styropor. Schon bei diesen einfachen und wenigen Beispielen deutet sich an, dass die Analytik und die Beurteilung von Materialproben vielschichtig und komplex sind. Grundsätzlich bieten Materialproben die beste Grundlage für eine Beurteilung, wenn der Ort der Probenentnahme bekannt ist und die Materialien abgestimmt auf die Fragestellung entnommen wurden.

Die meisten Informationen liefert die Materialprobe, wenn sie mit 3 Methoden untersucht werden kann (Abb. 2.7): Gesamtzellzahl (GZ), biochemische Aktivität (BA) und Kolonie bildende Einheiten (KBE).

Hinweis

Die Gesamtzellzahl zeigt die Gesamtmenge an Mikroorganismen im untersuchten Material, die BA ermittelt, wie viele von den nachgewiesenen Mikroorganismen einen aktiven Stoffwechsel haben, und die KBE zeigt die Keimfähigkeit und die Zusammensetzung der Mikroflora.

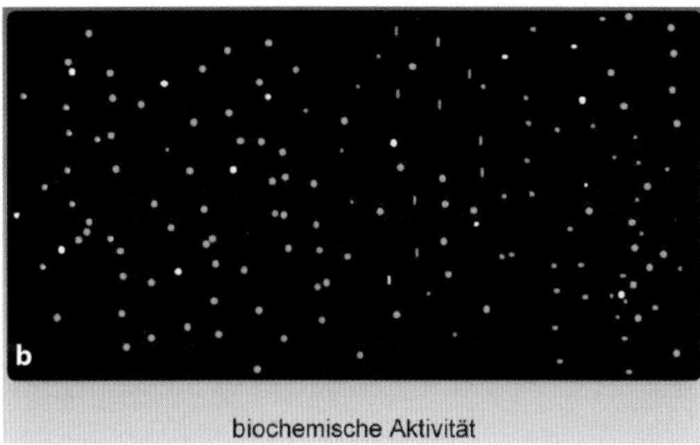

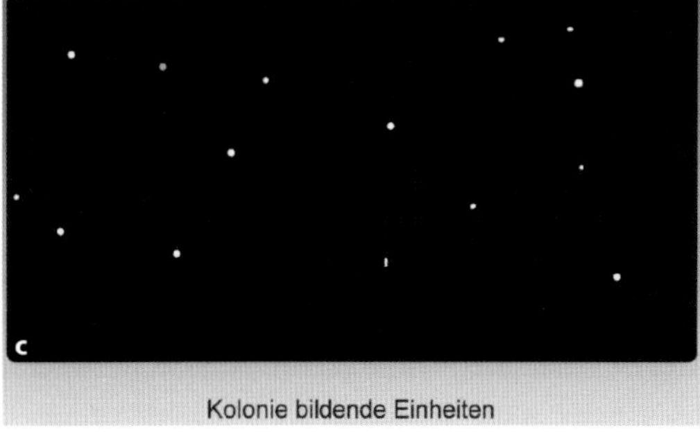

Abb. 2.7: Vergleich GZ (a), BA (b), KBE (c)

Analytik je nach Fragestellung

Jedoch müssen nicht bei jeder Fragestellung alle Analyseschritte durchgeführt werden. Wenn z. B. bei einem Wasserschaden geklärt werden soll, ob eine Trocknung der Estrichdämmschicht sinnvoll oder das Material doch schon zu stark mikrobiell belastet ist, kann die Bestimmung der Gesamtzellzahl diese Frage schnell (innerhalb weniger Stunden nach Ankunft im Labor) beantworten. Welche Mikroorganismen an dieser fraglichen Belastung beteiligt sind, spielt dabei keine Rolle. Wenn jedoch klar ist, dass ein starker Bewuchs vorliegt, aber die Frage nach einer eventuellen Gesundheitsgefährdung im Vordergrund steht, ist auch eine ausschließliche Analyse mit der KBE-Methode sinnvoll.

Abb. 2.8: Beispiele für Materialproben: Holz von einer Entnahmestelle, bereits fertig verpackt und beschriftet (a), und ein Stück Tapete ohne Putz vor der Verpackung in eine Alufolie (b)

2.4.1 Probenuntersuchung

Die Probe (Abb. 2.8) wird mit einem Auftrag per Post an das Labor geschickt oder persönlich abgegeben. Im Labor wird sie registriert und erhält eine Probennummer. Danach wird das Material entweder gewogen oder seine Fläche ermittelt. Da die Materialien u. U. eine sehr unterschiedliche Dichte aufweisen, ist die Flächenbestimmung (mit Maßangabe in cm^2) sinnvoll, wenn auch nicht immer möglich.

Herstellen einer Suspension

Das Material wird mit einer sterilen Waschflüssigkeit ab- bzw. ausgewaschen. Durch diesen Vorgang befinden sich die Schimmelpilze und Bakterien dann in einer Suspension (Abb. 2.9), die die Grund-

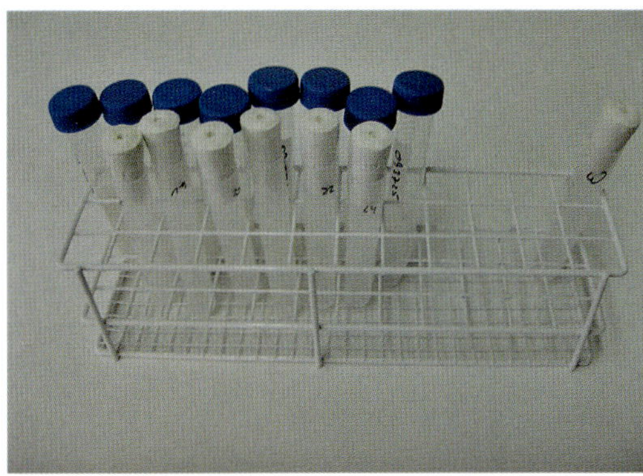

Abb. 2.9: Suspensionsröhrchen

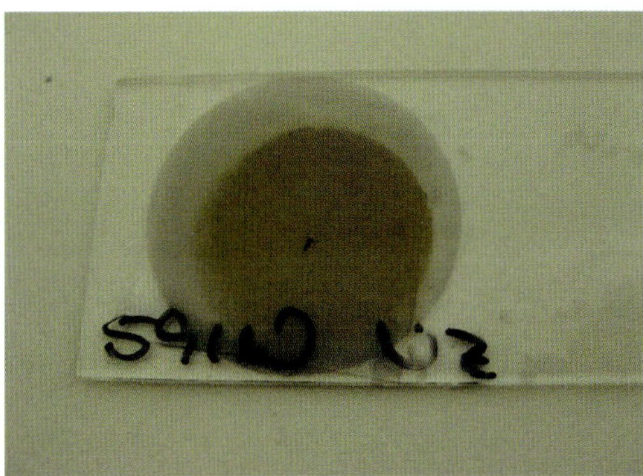

Abb. 2.10: Filter für die Bestimmung der Gesamtzellzahl

lage ist für alle weiteren Analyseschritte. Diese Methode wird auch Suspensionsverfahren genannt.

Bestimmung der Gesamtzellzahl

Auszählung auf dem Filter

Für die Bestimmung der Gesamtzellzahl wird die Suspension gefärbt und durch Schütteln homogenisiert. Dadurch erreicht man eine möglichst gleichmäßige Verteilung der Mikroorganismen. Mittels einer Pumpe zieht man die Suspension dann mit einer sterilen Waschflüssigkeit durch einen Filter (Abb. 2.10). Bei diesem Prozess bleiben die angefärbten Mikroorganismen aus der Suspension auf der Filteroberfläche hängen. Unter dem Mikroskop können dann die Schimmelpilze und Bakterien auf dem Filter ausgezählt werden.

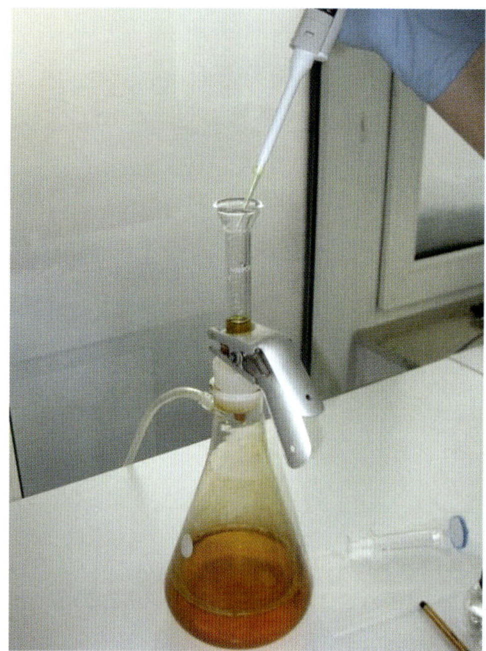

Abb. 2.11: Färbung für die Bestimmung der biochemischen Aktivität

Bestimmung der biochemischen Aktivität

Auch bei der FDA-Methode wird die Suspension wie oben beschrieben gefärbt (Abb. 2.11) und auf den Filter filtriert. Anschließend werden die stoffwechselaktiven Mikroorganismen ausgezählt.

Bestimmung der KBE

Kontrollierte Verdünnung

Die Probensuspension wird auch für die Bestimmung der KBE verwendet. Basierend auf der Gesamtzellzahl wird entschieden, wie viele Verdünnungsstufen der Probensuspension angefertigt werden müssen (Abb. 2.12). Auf der Oberfläche des Nährbodens in der Petrischale ist nur begrenzt Platz für die Kolonien. Ist die Fläche komplett überwachsen, können die Kolonien nicht ausgezählt werden. Bei einem solchen Rasenbewuchs setzen sich einige wenige Arten durch und unterdrücken andere. Aus diesem Grund werden Proben kontrolliert verdünnt und für jede Probe mehrere Petrischalen angelegt. Eine kontrollierte Verdünnung bedeutet, dass von der unverdünnten Suspension eine definierte Menge der Probe in eine definierte Menge einer sterilen Waschflüssigkeit überführt wird. Dieser Schritt wird beliebig oft mit der jeweils letzten Verdünnungsstufe wiederholt, wodurch sich der Gehalt der Ursprungssuspension in jeder Stufe vermindert. Dadurch kann bei der Auswertung berechnet werden, wie viele Mikroorganismen einer Gattung in der unverdünnten Suspension vorhanden sein müssen.

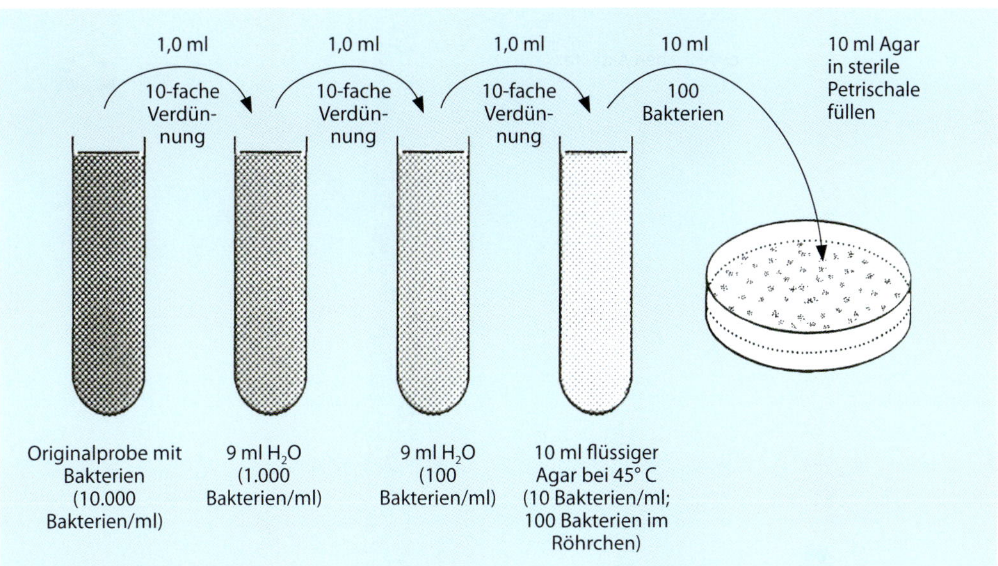

Abb. 2.12: Verdünnungsstufen

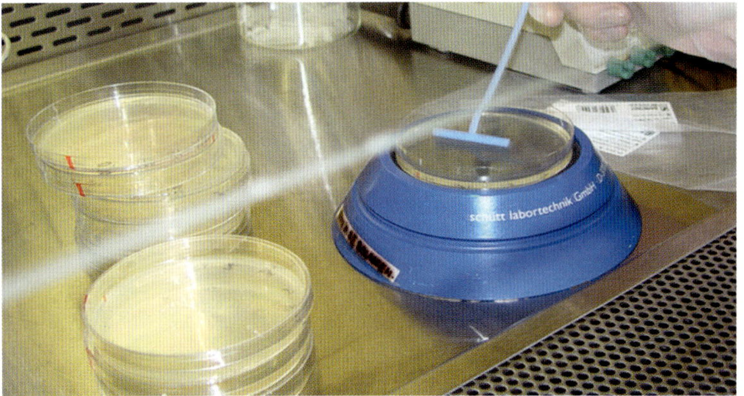

Abb. 2.13: Ausplattieren

Beimpfung spezifischer Nährböden

Für Schimmelpilze werden 2 Nährmedien in verschiedenen Verdünnungsstufen beimpft. Ein Nährmedium enthält Dichloran und 18 % Glyzerin (DG18-Agar), das andere Malz (Malz-Agar). Beide bieten verschiedene Nährstoffe und Feuchtigkeitsgehalte, um möglichst viele Schimmelpilze wachsen zu lassen. Beimpfen bedeutet, dass in diesem Fall eine kleine Menge (100 µl) Suspension und deren Verdünnungen auf die Nährböden pipettiert und mit einem Spatel dünn und möglichst gleichmäßig ausgestrichen wird (Abb. 2.13). Für Bakterien geschieht dasselbe parallel auf speziellen Bakteriennährböden, z. B. CASO-Agar (mit Casein und Sojamehl) oder TGE-Agar (TGE steht für „tryptone glucose extract").

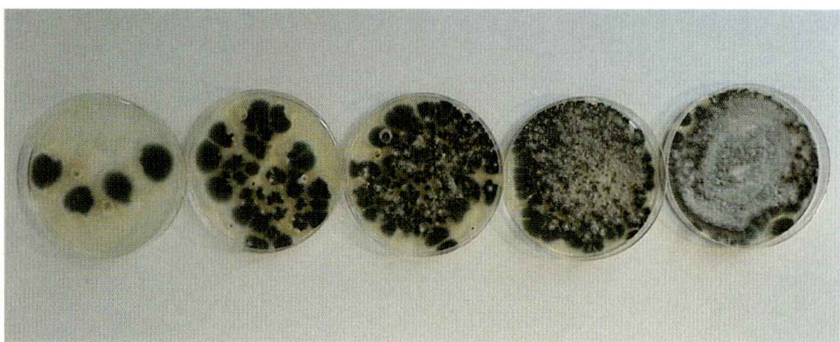

Abb. 2.14: Verdünnungsreihe KBE

Taxonomische Einordnung

Die beimpften Proben werden für das Wachstum der Mikroorganismen in den Brutraum gestellt. In diesem Raum herrscht ein optimales Klima dafür. Nach einer Woche werden die Kolonien ausgezählt und differenziert. Für die taxonomische Einordnung werden verschiedene Merkmale der Kolonie aufgezeichnet und anhand von Präparaten die Art und Gattung mikroskopisch bestimmt. Differenzierungsmerkmale sind unter anderem die Größe und Farbe der Kolonie, das Myzel und die Art und Weise, wie Sporen gebildet werden.

Nichtanwachsen von Mikroorganismen

Viele Mikroorganismen wachsen auf Nährmedien im Labor nicht an. Das gilt zum einen für alle toten oder inaktiven Mikroorganismen. Zum anderen kann ein Wachstum aber auch vermindert sein oder ausbleiben, wenn die Nährmedien den Schimmelpilzen und Bakterien nicht die richtigen Nährstoffe oder ausreichend Feuchtigkeit bieten. Viele Schimmelpilze sind an ihre Umgebung in Innenräumen angepasst und diese kann im Labor nicht immer abgebildet werden. Hinzu kommt, dass Konglomerate (Klumpen von Mikroorganismen) häufig nur als eine Kolonie wachsen und somit die Konzentration der KBE geringer erscheint, als sie tatsächlich ist.

Protokoll

Nach der Auswertung der KBE werden alle Daten zu einem Protokoll zusammengefasst.

> **Hinweis**
>
> Materialproben können gezielt entnommen werden und bieten so einen hohen Informationsgewinn.

2.4.2 Beurteilung von Materialproben

2.4.2.1 Vergleich mit den Hintergrundwerten

Basierend auf den vom Labor festgelegten Hintergrundwerten (Tabelle 2.1, Tabelle 2.2; siehe Kap. 2.3) beurteilt das Labor die Konzentration an Schimmelpilzen und Bakterien, wobei nicht nur die Gesamtzellzahl und die KBE wichtig sind, sondern auch, welche Arten nachgewiesen wurden.

Tabelle 2.1: Hintergrundwerte bei Schimmelpilzen und Bakterien pro Gramm (Quelle: Labor Urbanus GmbH)

Analysemthode	**Hintergrundwerte Schimmelpilze (Anzahl/g)**	**Hintergrundwerte Bakterien (Anzahl/g)**
Gesamtzellzahl	< 10.000	< 100.000
KBE	< 1.000	< 10.000
BA	< 1.000	< 10.000

Tabelle 2.2: Hintergrundwerte bei Schimmelpilzen und Bakterien pro Quadratzentimeter (Quelle: Labor Urbanus GmbH)

Analysemethode	**Hintergrundwerte Schimmelpilze (Anzahl/cm²)**	**Hintergrundwerte Bakterien (Anzahl/cm²)**
Gesamtzellzahl	< 100.000	< 1.000.000
KBE	< 10.000	< 100.000
BA	< 10.000	< 100.000

Vergleich mit Normalwerten

Die nachgewiesenen Zahlen werden mit den definierten Normalwerten verglichen und danach eingestuft. Beurteilt werden die Zahlen anhand der Bezugsgröße, also pro Gramm oder pro Quadratzentimeter (Kap. 2.4.1). Für alle Analysearten reicht die Einstufung von normal (im Bereich der Hintergrundwerte) bis stark erhöht (1.000-fach über den Hintergrundwerten; Tabelle 2.3).

Tabelle 2.3: Beurteilung der Materialproben in Relation zu den Hintergrundwerten

Wert	Einstufung
im Bereich der Hintergrundwerte	normal
10-fach über Hintergrundwert	etwas erhöht
100-fach über Hintergrundwert	erhöht
1.000-fach über Hintergrundwert	stark erhöht

Beurteilung der Probenergebnisse

Die Probenergebnisse müssen anschließend im Zusammenhang mit dem Probenentnahmeort und der Fragestellung eingeschätzt werden. In der Regel haben die Labore diese Zusatzinformationen nicht und können nur die mikrobiologischen Fakten beurteilen. Dabei kann nur das im Labor untersuchte Material beurteilt werden, weshalb der Ort der Probenentnahme überaus wichtig ist, um einen Schaden richtig zu beurteilen.

Hinweis

Die mikrobiologische Beurteilung kann (und darf) nur angewendet werden, wenn die Probe den zu untersuchenden Bereich repräsentiert.

2.4.2.2 Kategorisierung

Viele Analyseergebnisse können in „Schaden" oder „kein Schaden" kategorisiert werden. Aber nicht alle Ergebnisse führen zu einer eindeutigen Beurteilung. Im Folgenden werden einzelne Einschätzungen näher erläutert.

Kein Schaden

Sanierung meist nicht erforderlich

Wenn die Gesamtzellzahl und die KBE als normal oder als etwas erhöht eingestuft werden, ist das analysierte Material aus mikrobiologischer Sicht unbedenklich (Fall 1 in Tabelle 2.4). Eine Sanierung des untersuchten Bereichs ist dann normalerweise nicht erforderlich, wobei Umgebungen mit besonderen Personengruppen wie z. B. Krankenhäuser allerdings einer besonderen Begutachtung bedürfen. Wenn die Gesamtzellzahl und die KBE unbedenklich sind, aber die biochemische Aktivität erhöht oder sogar stark erhöht ist, kann es sein, dass die vorhandenen Mikroorganismen vor wenigen Tagen mit Feuchtigkeit in Kontakt gekommen sind und sich noch in der Anlaufphase (Kap. 1.2.1) befinden (Fall 3 in Tabelle 2.4). Eine schnelle Trocknung wird dann dringend empfohlen, um ein weiteres Wachstum zu verhindern.

Mikrobieller Schaden

Unterschiedlicher Handlungsbedarf

Sind die Werte der Gesamtzellzahl oder der KBE erhöht oder stark erhöht, ist das analysierte Material mikrobiell belastet, sodass Handlungsbedarf besteht (Fälle 5 bis 8 in Tabelle 2.4). Wie dieser Handlungsbedarf konkret aussieht, muss unter Berücksichtigung der Fragestellung und der Gegebenheiten vor Ort entschieden werden. Grundsätzlich gilt, dass bei einem mikrobiellen Schaden die Biomasse entfernt werden muss (Dekontamination, Kap. 1.2.2), um (weiteren) Gesundheitsschäden vorzubeugen. Eine Desinfektion oder Austrocknung der Biomasse inaktiviert die Mikroorganismen nur, entfernt sie aber nicht. Die Reduktion des allergenen und toxischen Potenzials wird nur durch die Dekontamination erreicht.

Zusätzlich sind bei der Beurteilung viele Aspekte zu beachten, wie z. B.:

- Gibt es bereits eine Geruchsbelästigung?
- Um welche Art von Räumlichkeiten, in denen die Proben genommen wurden, handelt es sich?
- Gibt es Risikopatienten oder Kinder vor Ort?
- Haben die Bewohner bereits Symptome?
- Welche Risikoeinschätzung muss beim Arbeitsschutz beachtet werden?

Kategorien des Schimmelpilzleitfadens

Gemäß Schimmelpilzleitfaden des Umweltbundesamtes (Leitfaden zur Vorbeugung, Untersuchung, Bewertung und Sanierung von Schimmelpilzwachstum in Innenräumen, 2002) kann man Schäden in die Kategorien 1, 2 oder 3 einordnen. Hierbei ist die Größe des Schadens ein Hauptkriterium:

- Kein Schaden oder ein nur geringfügiger Schaden ohne Handlungsbedarf fällt in die Kategorie 1.
- Ist der Schaden kleiner 0,5 m^2, fällt er in die Kategorie 2.

- Wenn der Schaden größer als 0,5 m^2 ist, fällt er in die Kategorie 3. Sind bei einem Schaden (beliebiger Größe) tiefere Schichten betroffen oder wird bei einem solchen Schaden z. B. *Stachybotrys chartarum* nachgewiesen, wird der Schaden bei der Beurteilung in die Kategorie 3 eingestuft.

Versteckter mikrobieller Schaden

Beachtet werden muss, dass der sichtbare Bereich des Schadens häufig nur die „Spitze des Eisbergs“ ist und der eigentliche Schaden viel ausgedehnter sein kann. Neben der für den Menschen nicht sichtbaren Schimmelpilzkontamination gibt es auch noch den versteckten mikrobiellen Schaden. Darunter versteht man Bereiche, in denen ein Bewuchs hinter einem Gegenstand (z. B. Schrank) oder Material (z. B. Estrich) versteckt ist. Der versteckte und nicht sichtbare mikrobielle Schaden muss untersucht und beurteilt werden, denn er soll bei der Einstufung in die Kategorien mitbeachtet werden. Altschäden und desinfizierte Schäden zeigen häufig bei der KBE unauffällige Werte. Aus diesem Grund ist die Gesamtzellzahlanalytik besonders wichtig, um Schäden nicht zu übersehen.

Im Kapitel 4 wird diese Problematik anhand von Fallbeispielen aufgegriffen und erläutert, wie diese Bereiche beprobt und beurteilt werden können.

Graubereich

Weitere Informationen erforderlich

Wenn Analyseergebnisse nur leicht von den Hintergrundwerten abweichen und ein Schaden nicht eindeutig beurteilt werden kann, müssen häufig weitere Informationen hinzugezogen werden. Weitere Proben, aber auch weitere Informationen über den Schadensverlauf, können helfen, einen Bereich besser beurteilen zu können. Auch aus den vorliegenden Daten können weitere Informationen herausgelesen werden. Zum Beispiel deuten eine geringe Konzentration an Mikroorganismen (Gesamtzellzahl) und eine geringe BA und KBE, Letztere allerdings mit einer Vielzahl an verschiedenen Arten, auf einen mikrobiellen Schaden in der Nähe hin. Eine etwas erhöhte Gesamtzellzahl, kombiniert mit einer hohen BA und einer geringen KBE, ist ein Hinweis auf einen sehr frischen Schaden, bei der sich die Gesamtzellzahl und die KBE kurze Zeit später stark erhöhen werden (Fall 3 in Tabelle 2.4).

Tabelle 2.4: Beurteilungsmöglichkeiten durch die Auswertung von Gesamtzellzahl, biochemischer Aktivität und Kolonie bildenden Einheiten

Fall	Analysemethode[1)]			Beurteilung
	GZ	BA	KBE	
1	normal	normal	normal	kein Schaden/Handlungsbedarf
2	etwas erhöht	normal	normal/ etwas erhöht	Graubereich – weitere Informationen notwendig; ohne Feuchtigkeit kein weiteres Wachstum, ggf. hohe Grundverschmutzung des Materials
3	normal/ etwas erhöht	hoch	normal	noch kein Schaden, Material ist mit Feuchtigkeit in Berührung gekommen; Mikroorganismen in Anlaufphase, schneller Handlungsbedarf, z. B. Trocknung; GZ und KBE werden sich schnell erhöhen
4	hoch	normal	normal/ etwas erhöht	abgetrockneter Altschaden oder chemisch behandelter Schaden
5	hoch	hoch	normal	mikrobieller Schaden, KBE wachsen nicht unter Laborbedingungen, z. B. liefern Nährböden nicht die richtigen Nährstoffe
6	hoch	hoch	hoch	mikrobieller Schaden, stationäre Phase
7	hoch	normal	etwas erhöht	mikrobieller Schaden, Absterbephase
8	hoch	nicht nachweisbar	hoch	mikrobieller Schaden ohne Aktivität; durch das Medium waren die Mikroorganismen reaktivierbar und haben Kolonien gebildet

1) Ergebnisse jeweils in Relation zu den Hintergrundwerten (Tabelle 2.3)

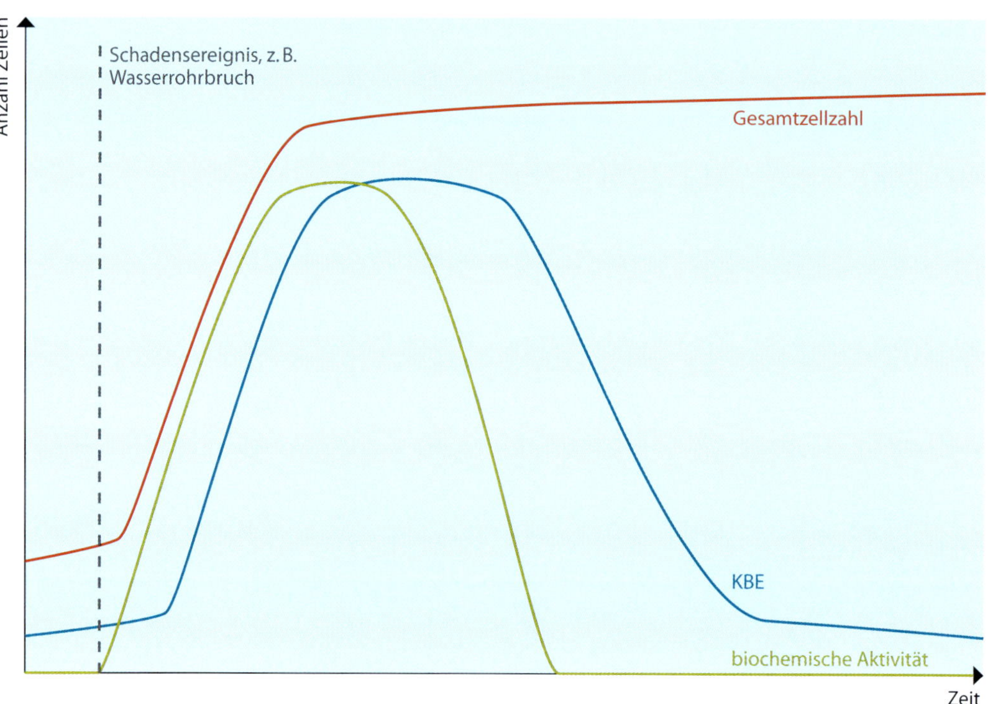

Abb. 2.15: Typischer Verlauf von Gesamtzellzahl, biochemischer Aktivität und Kolonie bildenden Einheiten bei einem Feuchteschaden

2.4.2.3 Erweiterte Beurteilungen – Bestimmung der Gesamtzellzahl

Vorteile der GZ

Die KBE-Methode wird häufig als Standard angesehen. Dies liegt zum einen daran, dass die Methode am bekanntesten ist und von vielen Laboren angeboten wird, und zum anderen daran, dass die Schimmelpilzleitfäden die Zusammensetzung der Mikroflora in den Vordergrund gestellt haben. Aus mikrobiologischer Sicht ist dies nicht immer nachzuvollziehen. Die Bestimmung der Gesamtzellzahl ist eine sehr alte und in unterschiedlichen Bereichen erprobte Methode, die insbesondere 2 Vorteile bietet:

- Sie weist alle in der Probe enthaltenen Mikroorganismen nach, unabhängig vom Lebenszustand der Zellen.
- Sie benötigt sehr viel weniger Zeit als andere quantitative Analysen.

Da fast alle innenraumtypische Schimmelpilze ein allergenes Potenzial haben, liefert die Gesamtkonzentration an Schimmelpilzen und Bakterien mehr Informationen als die Zusammensetzung der Mikroflora. Die Differenzierung der Schimmelpilze ist dagegen insbesondere bei Risikopersonen notwendig, um das Infektionsrisiko abschätzen zu können.

Die Bestimmung der Gesamtzellzahl ermöglicht die folgende erweiterte Beurteilung.

Erkennung von Altschäden

Inaktive Schimmelpilze und Bakterien

Abgetrocknete mikrobielle Schäden vermehren sich weniger gut (geringe Keimfähigkeit), bilden gar keine oder nur noch sehr wenige Sporen und weisen eine geringe biochemische Aktivität auf. Dadurch ist eine Erfassung des Schadensausmaßes durch eine KBE-Analyse häufig nicht mehr möglich. Durch die Bestimmung der Gesamtzellzahl können Altschäden entdeckt werden, die zwar keine oder kaum noch anzüchtbare Kolonien bilden, jedoch Stoffwechselprodukte abgeben, die Gerüche und Gesundheitsstörungen verursachen können. Erst wenn der Altschaden diagnostiziert wurde, kann eine nachhaltige sach- und fachgerechte Sanierung durchgeführt werden. Verbleiben die inaktiven Schimmelpilze und Bakterien im Baumaterial und kommen zu einem späteren Zeitpunkt wieder mit Feuchtigkeit in Berührung, vermehren sie sich explosionsartig.

Erkennung von Schimmelpilzschäden trotz Desinfektion

Schockstarre nach Desinfektion

Bei einer Desinfektion werden Schimmelpilze und Bakterien häufig nicht abgetötet, sondern fallen in eine Art Schockstarre. Die Anzüchtbarkeit und die Stoffwechselaktivität gehen massiv zurück. Mittels KBE-Analytik können diese Schäden selten nachgewiesen werden. Da die Biomasse durch die Desinfektion nicht zerstört oder entfernt wird, kann die Gesamtzellzahlbestimmung auch chemisch behandelte Schäden nachweisen. Studien haben gezeigt, dass sich Schimmelpilze nach einer Desinfektion schnell wieder reaktivieren und auch nach einiger Zeit wieder KBE bilden können. Wie bei abgetrockneten Schäden vermehren sich die verbliebenden Mikroorganismen bei erneuter Feuchtigkeit sehr schnell. Eine Desinfektion darf nicht als Dekontamination missverstanden werden. Eine Dekontamination ist das Entfernen von Mikroorganismen (Kap. 1.2.2), dies kann nur durch das Entfernen des bewachsenen Materials geschehen.

Altersbestimmung von Schimmelpilzschäden

GZ, BA und KBE

Die Altersbestimmung von Schimmelpilzschäden basiert auf den Lebenszyklen und Wachstumsphasen von Schimmelpilzen und Bakterien. Dafür werden vollständig analysierte Materialproben benötigt, d. h. Analyseergebnisse der Gesamtzellzahlbestimmung, der biochemischen Aktivität (quantitativ) und der KBE. Wichtige Voraussetzungen sind:

- Das untersuchte Material wurde weder getrocknet noch chemisch behandelt. Eine Desinfektion oder auch eine Trocknung verändern die Analyseergebnisse und lassen einen Schaden älter aussehen als er in Wirklichkeit ist.
- Das Material wurde sachgemäß gelagert und versendet (Kap. 3).
- Das Material ist nicht häufig mit Feuchtigkeit in Berührung gekommen (periodische Auffeuchtung).

KBE/GZ und BA/GZ

Die 3 Analysen geben Auskunft darüber, wann die Mikroorganismen genügend Feuchtigkeit hatten, um mit dem Wachstum zu beginnen. Das Verhältnis von KBE und Gesamtzellzahl zeigt, wie viele der vorhandenen Mikroorganismen anwachsen können, und dies wiederum lässt Rückschlüsse auf das Alter zu. Die Altersbestimmung basiert auf den Wachstumskurven von Schimmelpilzen und Bakterien. Bei unbeeinflussten Analyseergebnissen erhält man diese Wachstumskurven und kann Gesamtzellzahl, biochemische Aktivität und KBE ins Verhältnis setzen. Auch über die Zusammensetzung der Mikroflora ist eine Aussage über einen Schadensverlauf möglich. Alle Informationen zusammen bilden die Grundlage für eine Altersabschätzung (Abb. 2.16). Generell kann eine Altersbestimmung jedoch nur im ersten Jahr des Schadens stattfinden mit folgenden Abstufungen:

- jünger als 3 Monate
- ca. 3 Monate
- 3 bis 6 Monate
- ca. 6 Monate
- 6 bis 12 Monate
- ca. 1 Jahr
- älter als 1 Jahr

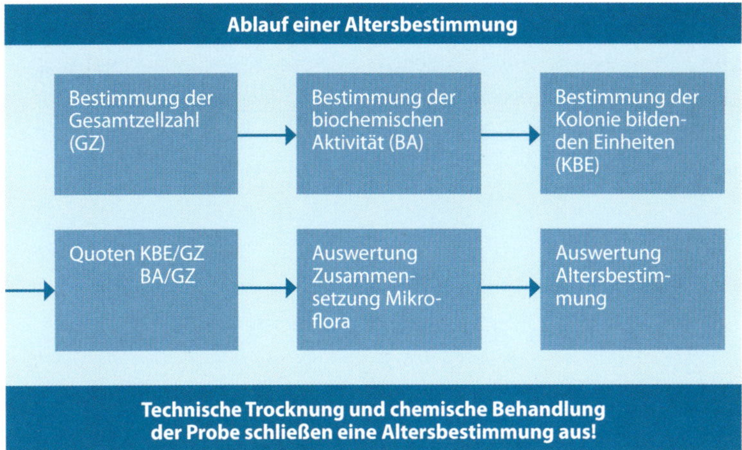

Abb. 2.16: Altersbestimmung bei Schimmelpilzschäden

Die Altersbestimmung ist eine Untersuchung, die von jahrelanger Erfahrung des beauftragten Labors sehr profitiert. Idealerweise sollte das Labor bereits mehrere 1.000 Analysen mit Objekt- und Schadensangaben durchgeführt haben.

2.4.2.4 Erweiterte Beurteilung – Analyse von Bakterien

Interpretation des Bakterienwachstums

Auch eine zusätzlich zu der Analyse von Schimmelpilzen durchgeführte Untersuchung von Bakterien liefert Informationen für die Beurteilung. Da Bakterien auch unter sehr nassen Bedingungen wachsen können, kann ein rein bakterieller Schaden entstehen. Weil Bakterien schneller wachsen als Schimmelpilze, kann ein bakterieller Schaden auch auf den Beginn eines mikrobiellen Schadens hindeuten. In der Tabelle 2.5 werden einige Beurteilungsansätze, bezogen auf Schimmelpilze und Bakterien, zusammengefasst.

Tabelle 2.5: Beurteilungsmöglichkeiten durch die zusätzliche Analyse von Bakterien (im Vergleich zu Hintergrundwerten, siehe Tabelle 2.3)

Fall	GZ Schimmelpilze	GZ Bakterien	Beurteilung
1	normal	hoch	bakterieller Schaden, Feuchtigkeit zu hoch oder zu niedrig für Schimmelpilze
2	normal/etwas erhöht	hoch	bakterieller Schaden, Beginn eines mikrobiellen Wachstums, Schimmelpilzwachstum wird kurzfristig einsetzen
3	hoch	normal	mikrobieller Schaden, Milieu bietet keine guten Bedingungen für Bakterien – sehr selten
4	hoch	hoch	mikrobieller Schaden

2.4.2.5 Erweiterte Beurteilung – Abwasserschäden

Fäkalindikatoren

Abwasserschäden und Fäkalschäden sind ein hygienisches Problem. Um einen Abwasser- und/oder Fäkalschaden nachweisen zu können, muss man neben der mikrobiologischen Untersuchung auf Schimmelpilze und Bakterien auch die Indikatoranalytik auf *E. coli* (*Escherichia coli*) und coliforme Bakterien anwenden. *E. coli* oder coliforme Bakterien sind gramnegative Stäbchenbakterien, die im menschlichen Darm vorkommen und daher als Fäkalindikatoren gelten.

Schwieriger Nachweis

Diese Bakterien sind sehr empfindlich und nur schwer im Labor nachzuweisen. Sie benötigen einen speziellen Agar und werden daher in der Standardanalytik nicht erfasst. Schon sehr geringe Störfaktoren wie falscher Transport oder zu wenig Feuchtigkeit reichen aus, damit diese Bakterien im Labor nicht mehr nachweisbar sind. Aus diesem Grund empfiehlt es sich, bei einem Fäkalschaden Materialproben für diese spezielle Analytik zu entnehmen. Wenn man nur Staub oder Luft untersucht oder die Materialien zu trocken waren, ist der Nachweis coliformer Bakterien kaum bzw. nur mit einer speziellen DNA-Untersuchung möglich.

Weil es so schwierig ist, diese Bakterien nachzuweisen, ist es nicht notwendig, ihre genaue Anzahl zu bestimmen – es genügt die Tatsache, dass einige dieser Indikatororganismen vorhanden sind, um einen Abwasserschaden zu lokalisieren.

Hinweis

Bei *E. coli* oder coliformen Bakterien reicht ein reiner Nachweis für eine Bestätigung eines Abwasserschadens, die nachgewiesene Menge spielt hierbei keine Rolle. Ein negatives Laborergebnis bedeutet nicht, dass kein Abwasserschaden vorliegt. Die Untersuchung auf *E. coli* muss beim Labor gesondert in Auftrag gegeben werden.

2.5 Luftproben

Partikelauswertung

Mit Luftproben lässt sich die mikrobielle Belastung in der Raumluft ermitteln. Auch bei der Untersuchung der Luft sind die mikroskopische Untersuchung und die Kultivierung von Mikroorganismen möglich. Dabei wird die mikroskopische Auswertung der Probe nicht immer Gesamtzellzahl, sondern je nach Probenentnahmeverfahren und mikroskopischer Vergrößerung auch Partikelauswertung genannt. Die Kultivierung der Schimmelpilze und Bakterien auf Nährböden nennt man auch bei Luftproben KBE-Analytik.

2.5.1 Probenuntersuchung

Grundsätzlich werden 2 Verfahren zur Untersuchung von Luftproben unterschieden: Impaktion und Filtration.

2.5.1.1 Impaktion

Das Impaktionsverfahren ist eine Kurzzeitmessung (ca. 3 Minuten). Dabei erzeugt man mit einem Entnahmegerät (Abb. 2.17) einen Luftstrom. Die in der Luft vorhandenen Mikroorganismen und andere Partikel folgen diesem Luftstrom und bleiben auf dem Nährmedium oder dem Objektträger haften.

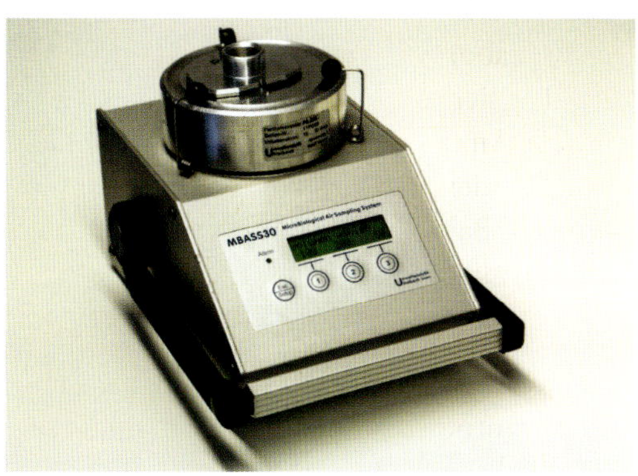

Abb. 2.17: Luftprobenentnahmegerät für das Impaktionsverfahren

Abb. 2.18: Petrischale nach der Luftprobenentnahme

KBE-Analytik

Rückstellproben zur Sicherheit

Für die Kultivierung der KBE legt man Petrischalen in das Gerät und saugt die Luft kontrolliert mit einem definierten Luftvolumen gleichmäßig verteilt auf das Nährmedium (Abb. 2.18). Pro Entnahmepunkt werden dabei für die Schimmelpilze 2 Nährmedien beprobt, in der Regel DG18- und Malz-Agar, und für die Bakterien ein Medium, z. B. CASO-Agar. Das Standardprobevolumen beträgt 100 Liter. Falls die Belastung an Mikroorganismen in der Luft zu hoch ist, kann ein Rasenbewuchs entstehen. Eine quantifizierte Auswertung wäre dann nicht möglich, wichtige Indikatororganismen könnten unterdrückt werden, die Beurteilung der Proben könnte beeinträchtigt und Sanierungsmaßnahmen fehlgeleitet werden. Da die Mikroorganismen aus der Luft bei diesem Verfahren nicht mehr verdünnt werden können, sollte zur Sicherheit noch eine Rückstellprobe mit 50 Litern erstellt werden. Die Petrischalen werden verklebt und anschließend beschriftet an ein Labor zur Auswertung übersandt.

Taxonomische Einordnung

Wie bei den Materialproben werden die KBE nach einer Woche gezählt und differenziert. Für die taxonomische Einordnung werden verschiedene Merkmale der Kolonie aufgezeichnet und anhand von Präparaten die Gattung und die Art mikroskopisch bestimmt. Differenzierungsmerkmale sind unter anderem die Größe und Farbe der Kolonie, das Myzel und die Art und Weise, wie Sporen gebildet werden.

Bakterienauswertung

Bakterien werden wie bei den Materialproben nach Normalflora, *Bacillus* und Actinomyceten bestimmt. Da es für die Bakterien keine Richtwerte gibt, spielen diese bei den Luftproben häufig eine untergeordnete Rolle – sie können allerdings auf ein hygienisches

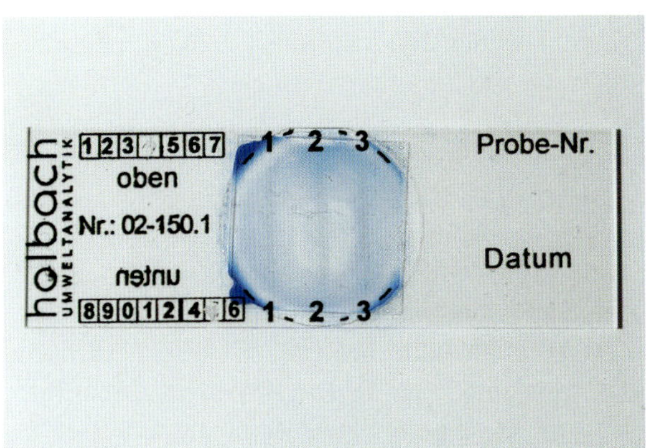

Abb. 2.19: Spuren auf einem Objektträger bei der Partikelmessung

Problem hindeuten. Aus diesem Grund werden die Bakterien mitbeprobt, analysiert und fließen bei der Beurteilung mit ein.

Partikelmessung

3 Spuren pro Objektträger

Um die Gesamtsporenbelastung in der Luft mit der Impaktionsmethode festzustellen, wird die Partikelmessung durchgeführt. Die Luft wird mit einer Schlitzdüse auf einen beschichteten, adhäsiven (klebrigen) Objektträger gesaugt. Die Probe erscheint auf dem Objektträger als meist sichtbare Spur. Insgesamt können pro Objektträger 3 Spuren gesammelt werden, die nebeneinander erscheinen (Abb. 2.19). Standardvolumen sind bei der Partikelmessung 200 Liter. Bei einer Überbelegung mit Mikroorganismen, aber auch Schmutzpartikeln, ist eine mikroskopische Auswertung nicht möglich. Aus diesem Grund wird eine Rückstellprobe mit 100 Litern empfohlen. Die Spuren werden im Labor angefärbt und mikroskopisch ausgezählt. Das Labor unterteilt die Spur in querliegende Reihen. Zunächst muss die Gesamtanzahl an Reihen pro Spur ermittelt werden. Anschließend werden ausreichend Reihen ausgezählt, um zu einem repräsentativen Ergebnis zu erlangen. Die Anzahl an ausgewerteten Reihen hängt von der Belegung und Verteilung der Mikroorganismen auf der Spur ab. Wenn zu viele Fremdpartikel wie z. B. Staub- oder Putzpartikel auf der Spur sind, ist eine Auswertung nicht möglich.

Hinweis

Bei der KBE-Analytik und der Partikelmessung wird das Ergebnis vom Labor auf m^3 Luft umgerechnet, um eine vergleichbare Größe herzustellen.

Differenzierung der Arten selten möglich

Wie die Gesamtzellzahl bei den Materialproben steht auch die Partikelauswertung aufgrund der mikroskopischen Auswertung schnell zur Verfügung. Allerdings können auch hier nur die Sporen der Schimmelpilzarten differenziert werden, deren Erscheinungsbild eindeutig ist (Tabelle 2.6). Einige Schimmelpilzarten können in Gruppen zusammengefasst werden, da die Sporen sehr ähnlich aussehen. Manchmal sind Sporenträger und Spore mikroskopisch zu erkennen, in diesem Fall können auch weitere Arten differenziert werden. Allerdings ist dies bei Luftproben äußerst selten. Das nachgewiesene Myzel kann in aller Regel keinem Pilz direkt zugeordnet werden. Alle Sporen, die keine besonderen Merkmale aufweisen, werden als nicht identifizierbare Sporen angegeben (Tabelle 2.7). Bakterien können mit dieser Methode nicht immer eindeutig erkannt und in der Regel nicht weiter differenziert werden.

Hinweis

Eine einzelne Spore ohne Myzel, ohne morphologische Besonderheiten oder ohne Ascus kann nicht weiter identifiziert werden.

Vor- und Nachteile

Kurzzeitmessung

Kurzzeitmessungen haben den Vorteil, dass sie mit wenig Zeitaufwand durchgeführt werden können. Der Nachteil dieser Messung über einen kurzen Zeitraum ist, dass ein relativ großer statistischer Fehler vorliegen kann (Tabelle 2.8). Dies bedeutet, dass es zu Abweichungen bei parallel durchgeführten Messungen kommen kann. Dies muss bei der Beurteilung berücksichtigt werden. Ein weiterer möglicher Nachteil ist, dass sich die Mikroorganismen direkt nach der Probenentnahme auf einem Nährmedium befinden und daher optimale Wachstumsbedingungen haben. Daher müssen Lagerung und Transport richtig und schnell durchgeführt werden.

Tabelle 2.6: Schimmelpilzarten in der Partikelauswertung

Pilztyp	**Besonderheiten**
Typ *Aspergillus/Penicillium*	kleine, runde Sporen, glatt oder rau, häufig sehr viele
Cladosporium	ovale Sporen in verschiedenen Größen mit Bruchstellen an beiden Enden, häufig rau
Typ *Alternaria/Ulocladium*, ggf. auch *Epicoccum*	große, dunkle, längliche septierte Sporen, Epicoccum eher rundliche Sporen (ist aber nicht immer abgrenzbar)
Stachybotrys	große, ovale raue Sporen, sehr dunkle Sporen, bei jungen Pilzen eher hell
Chaetomium	große, goldene, zitronenförmige Sporen, Ascosporen
Fusarium	Makrosporen länglich, gebogen, groß und septiert
Scopulariopsis	helle oder dunkle Sporen mit einer Bruchkante, hängen häufig noch in Ketten

Tabelle 2.7: Sporentypen bei der Partikelauswertung

Sporentyp	**Besonderheiten**
Ascosporen	werden von Schlauchpilzen im sexuellen Stadium gebildet und befinden sich in einem Ascus (Beutel mit Sporen)
Basidiosporen	Sporen von Ständerpilzen, z. B. Echtem Hausschwamm (*Serpula lacrymans*)
nicht identifizierbare Sporen	diverse Pilzsporen, die keiner Schimmelpilzart zugeordnet werden können und keine Ascosporen oder Basidiosporen sind

Abb. 2.20: Luftpumpe für die Filtrationsmethode

Abb. 2.21: Sterile Luftkassette für die Filtrationsmethode

2.5.1.2 Filtration

Methode

Die Filtration ist eine Langzeitmessung. Dabei wird die Luft im Gegensatz zur Impaktion nicht direkt auf ein Medium oder einen Objektträger gesaugt, sondern auf einen Filter: Eine Pumpe (Abb. 2.20) saugt die Luft mit einem Luftfluss von 2 l/min über 4 Stunden in eine sterile Filterkassette (Abb. 2.21). In dieser Kassette befindet sich ein weißer Polycarbonatfilter mit einer Porengröße von 0,4 µm auf einem Trägerpad.

Aufbereitung

Überführung in eine Suspension

Nach der Probenentnahme werden die Mikroorganismen und Luftpartikel vom Filter mit einer sterilen Waschflüssigkeit aus der Kassette ausgewaschen und in eine Suspension überführt. Mit der Suspension werden die Gesamtzellzahl und die KBE wie bereits beschrieben bestimmt. Für die Gesamtzellzahl beträgt die Bearbeitungsdauer in der Regel einen Tag und für die KBE eine Woche. Anschließend werden die Ergebnisse auf m^3 Luft umgerechnet.

Vor- und Nachteile

Langzeitmessung

Die Vorteile der Filtrationsmethode sind, dass durch die Überführung der Mikroorganismen in eine Suspension Verdünnungsreihen möglich sind und somit aus nur einer Luftprobe Gesamtzellzahl und KBE ermittelt werden können. Durch die längere Probenentnahmedauer wird der statistische Fehler stark reduziert, allerdings sind die 4 Stunden Probenentnahme in der Praxis häufig schwer umzusetzen (Tabelle 2.8).

In der Tabelle 2.8 werden die Vor- und Nachteile der beiden Methoden der Luftmessungen zusammengefasst.

Tabelle 2.8: Vor- und Nachteile bei Impaktion und Filtration

	Impaktion	**Filtration**
Dauer	Kurzzeitmessung (ca. 3 Minuten)	Langzeitmessung (4 Stunden)
Vorteile	• schnell durchführbar • einfache Bedienung • KBE-Analytik und Partikelmessung • Materialien leicht zu beschaffen	• KBE-Analytik und Gesamtzellzahlbestimmung • geringer statistischer Fehler • Verdünnungsstufen möglich • kontrollierte Analyse im Labor – keine Vermehrung während Transport/Lagerung
Nachteile	• bei Rasenbewuchs (KBE) oder Überbelegung durch Sporen oder Schmutz (Partikel) keine Auswertung möglich – mehrere Proben müssen gesammelt werden • hoher statistischer Fehler, da Kurzzeitmessung • schneller Transport und richtige Lagerung sind wichtig, da ein Wachstum schon während der Lagerung bzw. des Transports stattfindet	• hoher Zeitaufwand vor Ort • Filterkassetten müssen beim Labor bezogen werden • Probenaufbereitung aufwendig

2.5.2 Beurteilung von Luftproben

Kontrollmessung erforderlich

Zunächst muss unterschieden werden, zu welchem Zweck die Luftproben entnommen werden (Schadenslokalisierung oder Sanierungskontrolle). Anschließend muss eine Kontrollmessung durchgeführt werden, um die entnommene Luftprobe beurteilen zu können. Das Umweltbundesamt empfiehlt zurzeit, die Kontrollmessung mit der Außenluft durchzuführen und mit der Raumluft ohne Aufwirbelung zu vergleichen. Im Leitfaden des Umweltbundesamtes (Leitfaden zur Vorbeugung, Untersuchung, Bewertung und Sanierung von Schimmelpilzwachstum in Innenräumen, 2002) findet sich eine Bewertungshilfe für Luftproben. Die Schimmelpilze werden in innenraumtypische und außenlufttypische Schimmelpilze eingeteilt. Wenn in der Innenraumluft mehr oder andere Schimmelpilzarten nachgewiesen werden als in der Außenluft, kann ein

Schaden vorliegen. In der Bewertungshilfe sind zwar Werte für die Beurteilung angegeben, die aber nicht als Fixwerte verstanden werden dürfen. Für die Beurteilung von Luftproben wird hohe Sachkenntnis vorausgesetzt. Im Zweifelsfall sollte das Labor kontaktiert werden, das die Proben ausgewertet hat.

2.5.2.1 Einflussfaktoren

Anders als bei den Materialproben kann das Ergebnis von Luftproben negativ sein, obwohl ein Schaden im untersuchten Raum vorliegt. Dabei sind z. B. nachfolgende Fakten zu berücksichtigen:

- Einzelne Schimmelpilzarten haben verschiedene „Flugeigenschaften". Die Sporen von *Stachybotrys* sind z. B. sehr groß und kleben aufgrund einer Schleimschicht zusammen. Aus diesen Gründen fliegen diese Sporen nicht gut und sind in Luftproben kaum nachzuweisen. *Aspergillus* bildet dagegen viele kleine Sporen, die aufgrund ihrer Morphologie sehr gut fliegen.
- Schimmelpilze entwickeln nicht in jeder Lebenssituation Sporen und geben daher nicht zu jeder Zeit Sporen in die Raumluft ab.
- Die Sporen von Schimmelpilzen, die tatsächlich gebildet und abgegeben werden, befinden sich in der Luft häufig nicht in einem Lebenszustand, dass sie auf Nährmedien anwachsen. Dies führt dazu, dass nur ca. 1 bis 10 % der Sporen in der Raumluft auf den Labormedien KBE bilden.

Ohne entsprechendes mikrobiologisches Wissen können diese Sachverhalte zu einer Fehlinterpretation der Ergebnisse führen. Insbesondere, wenn nur KBE in der Luft untersucht werden, können Schäden auch übersehen werden. Wie schon beschrieben, geht auch von Schäden mit nicht anzüchtbaren Schimmelpilzen und Bakterien ein gesundheitliches Risiko aus.

Hinweis

Auch in einem sichtbar verschimmelten Zimmer können Luftproben unauffällig sein!

2.5.2.2 Schadenslokalisierung

Problematisch mit Luftmessungen

Um einen Schimmelpilzschaden zu lokalisieren, sind Luftproben aus den vorher genannten Gründen nur eingeschränkt zu empfehlen. In einer großen Studie wurden gesundheitliche Störungen bei Kindern erfasst und die KBE der Raumluft analysiert. Die Partikel wurden in dieser Studie nicht bestimmt. Es konnte kein signifikanter Zusammenhang zwischen Gesundheitsstörungen und den KBE der Luft hergestellt werden, es wurden jedoch sowohl Gesundheitsstörungen als auch eine erhöhte Feuchtigkeit in den Gebäuden nachgewiesen. Die fehlende Korrelation zwischen Gesundheitsstörungen und KBE der Raumluft führt zu der Frage, ob die richtige Analytik für die Beurteilung der Zusammenhänge gewählt wurde. Die Auswertung der Partikel hätte sicherlich mehr Informationen geliefert und noch genauere Ergebnisse wären mit gezielt entnommenen Materialproben möglich gewesen. Dieses Beispiel zeigt, dass eine Schadenslokalisierung mit Luftmessungen schwierig ist, insbesondere mit der KBE-Analytik. Die Partikelmessung zeigt mehr Sporen an, aber auch nur, wenn die vorhandenen Schimmelpilze in diesem Moment auch luftgetragene Sporen bilden. Hinzu kommt, dass bei Kurzzeitmessungen nur ein Zeitraum von 1 bis 3 Minuten überprüft wird.

Aus mikrobiologischer Sicht müssen Luftmessungen zur Schadenslokalisierung kritisch gesehen werden. Die Kernfrage muss sein, welche Informationen eine Analytik liefern kann: Wenn ein sichtbarer Schaden vorliegt, ist eine Materialprobe sicher aussagekräftiger als eine Luftprobe. Liegt nur der Verdacht auf einen Schimmelpilzschaden vor, ist die Sachlage etwas schwieriger. Luftproben können dann eingesetzt werden, um diesem ersten Verdacht nachzugehen. Allerdings müssen die beschriebenen Einflussfaktoren bei der Beurteilung der Proben berücksichtigt werden. Das Umweltbundesamt bestätigt in seinem Schimmelpilzleitfaden (Leitfaden zur Vorbeugung, Untersuchung, Bewertung und Sanierung von Schimmelpilzwachstum in Innenräumen, 2002), dass Ergebnisse von Luftkeimmessungen negativ ausfallen können, obwohl ein Schaden vorliegt. Daher sollte eine Raumluftmessung nicht als einzelne Methode zur Schadenslokalisierung eingesetzt werden.

2.5.2.3 Sanierungskontrolle

Kontrolle der Feinreinigung

Zur Sanierungskontrolle werden Raumluftmessungen häufig eingesetzt. Im Rahmen einer Sanierung werden beim Ausbau der Materialien viele Mikroorganismen aufgewirbelt, die auf alle Flächen des Sanierungsbereichs sedimentieren. Aus diesem Grund ist nach einer Sanierung eine sog. Feinreinigung notwendig, um alle Schimmelpilze und Bakterien aus dem Bereich zu entfernen. Nach diesen Maßnahmen wird der Sanierungsbereich mit einer Luftmessung kontrolliert und so geprüft, ob die Sanierung und die Reinigung erfolgreich waren. Häufig wird nach der Feinreinigung die Raumluft noch mit einem Desinfektionsmittel vernebelt (sog. Fogging), um Gerüche zu entfernen und restliche Mikroorganismen zu deaktivieren. Ein Fogging kann eine Feinreinigung aber nicht ersetzen, da es die vorhandenen Mikroorganismen nicht entfernt – dies ist nur mit einer fachgerechten Reinigung möglich. Da die Mikroorganismen nach einer Desinfektion größtenteils inaktiv sind, ist bei einer Sanierungskontrolle die Partikelmessung zu empfehlen. Ob eine KBE-Messung zusätzlich sinnvoll ist, hängt von der Situation vor Ort ab. Bevor die Messung durchgeführt wird, sollte man die Reinigung zunächst mit bloßem Auge überprüfen. Wenn noch viel Staub und Schmutz in dem zu messenden Raum zu sehen sind, sollte der Bereich zunächst erneut gereinigt werden. Bei einer hohen Staubbelastung ist eine Messung in der Regel überflüssig und kann häufig aufgrund der hohen Partikelanzahl auf dem Objektträger mikroskopisch nicht ausgewertet werden. Wenn der Raum jedoch gut gereinigt wurde, können die Partikel und ggf. die KBE mittels Impaktion und Filtration gemessen werden.

Anblasen von Oberflächen

Auch nach einer Sanierung empfiehlt das Umweltbundesamt den Vergleich von Innen- und Außenluft. Von einer Arbeitsgruppe der Wissenschaftlich-technischen Arbeitsgemeinschaft für Bauwerkserhaltung und Denkmalpflege (WTA) wurde eine andere Messmethode vorgeschlagen, bei der nicht Innen- und Außenluft verglichen, sondern die Oberflächen mit einem definierten Luftstrom angeblasen werden, um die sedimentierten Schimmelpilzbestandteile aufzuwirbeln. Bei dieser Methode wird daher die Reinigung der Oberflächen kontrolliert. Die Methode ist noch sehr neu und die Beurteilungskriterien werden aktuell überprüft. In Zukunft ist dies sicher ein guter Weg für die Kontrolle und Beurteilung von Luftproben als Sanierungskontrolle.

2.6 Staubproben

Das Landesgesundheitsamt Baden-Württemberg hat 2004 ein überarbeitetes abgestimmtes Arbeitsergebnis zum Thema Schimmelpilze in Innenräumen veröffentlicht, in dem die Probenentnahme, Analytik und Beurteilung von Staubproben ausführlich behandelt werden. In diesem Kapitel sollen nur die Kernaussagen dieses Arbeitsergebnisses dargestellt werden.

Indikatoranalysen

Staubproben sind Indikatoranalysen und können Hinweise auf eine mikrobielle Kontamination in einem Innenraum geben. Indikatoranalysen bedeutet, dass man gezielt nach bestimmten Mikroorganismen sucht, die darauf hinweisen, dass eine Schimmelpilzkontamination vorliegt.

Abbild der Zeit

Schimmelpilzsporen und Hyphenbruchstücke sedimentieren in Innenräumen auf alle Oberflächen und reichern sich nach und nach im Staub an. Die aktuelle Konzentration der Schimmelpilze hängt davon ab, wie stark die mikrobielle Kontamination ursprünglich gewesen ist und wann sie stattgefunden hat. Daher ist es bei einer Staubprobe sinnvoll zu wissen, wie lange sich der Staub auf der beprobten Stelle befunden hat bzw. wann diese zuletzt gereinigt wurde.

Berücksichtigung der Sammelmethode

In der Regel werden Staubproben mit einem neuem Staubsaugerbeutel gesammelt, allerdings werden manchmal auch alte, länger benutzte Beutel analysiert. Die Sammelmethode beeinflusst das Ergebnis stark und sollte unbedingt bei der Beurteilung berücksichtigt werden. Eine gezieltere Sammlung ist mit Luftpumpen und sterilen Filterkassetten möglich, die z. B. auch bei der Filtration von Luftproben zum Einsatz kommen (Abb. 2.21).

Welche Oberflächen abgesaugt werden, hängt von der Fragestellung ab, häufig wird aber der Teppich gewählt. Der gesammelte Staub kann anschließend im Labor analysiert werden.

2.6.1 Probenuntersuchung

Staubproben können im Direktverfahren oder im Verdünnungs- oder Suspensionsverfahren untersucht werden:

- Beim Direktverfahren wird der Staub direkt auf ein Nährmedium verteilt und angezüchtet. Nach einer Woche werden die gewachsenen KBE ausgezählt.

- Beim Verdünnungsverfahren wird der Staub wie bei Materialproben eingewogen und ausgewaschen, sodass eine Probensuspension entsteht. Bei dieser Probenaufbereitung kann der gesammelte Staub gesiebt oder ungesiebt analysiert werden. Durch das Sieben können Partikel, die größer als Sporen sind, aus der Probe herausgefiltert werden. Bei der Beurteilung müssen gesiebte und ungesiebte Proben unterschiedlich bewertet werden, weil bei den gesiebten Proben weniger Fremdpartikel enthalten sind, die das Ergebnis verwässern. Durch das Sieben können aber auch Sporen zurückgehalten werden, die an größeren Partikeln haften. Welche Methode angewandt wird, muss der Probenentnehmer mit dem Labor absprechen. Mit der Probensuspension können alle weiteren Untersuchungen (Gesamtzellzahl, biochemische Aktivität, Kolonie bildende Einheiten) durchgeführt werden.

2.6.2 Beurteilung von Staubproben

Berücksichtigung der ständigen Sedimentation

Staub ist ein Abbild der Zeit: In der Probe eines Objektes, das längere Zeit nicht gereinigt wurde, wird man mehr Sporen nachweisen können als bei einem kürzlich gereinigten, kaum verstaubten Objekt. Die ständige Sedimentation von Mikroorganismen auf das Objekt ist ein natürlicher Vorgang und muss bei der Beurteilung berücksichtigt werden.

Hinweis

Da die Zeit bei Staubproben eine so große Rolle spielt, sind Hintergrundwerte nur sehr schwer anzuwenden.

Berücksichtigung des Lebenszustandes

Außer dem Zeitproblem ist bei Staubproben oft der Lebenszustand der Mikroorganismen zu berücksichtigen: Wenn sich die Schimmelpilzsporen oder Hyphen im Staub befinden und keine erhöhte relative Luftfeuchtigkeit vorliegt, „fahren“ die Schimmelpilze ihre Zellaktivität „zurück“ und warten auf bessere Lebensbedingungen. Sie befinden sich in keinem aktiven Lebenszustand und es ist daher sehr schwer, sie auf Nährmedien anzuzüchten. Nur wenige Sporen werden im Labor KBE bilden.

Teil einer Untersuchungsstrategie

Aufgrund des Unsicherheitsfaktors Zeit und den schwierigen Analysebedingungen ist eine quantitative Beurteilung der Staubproben kaum möglich. Es sollte vielmehr nach Indikatororganismen gesucht werden, die einen Verdacht auf einen Schimmelpilzschaden bestätigen. Es ist auch denkbar, mit Staubproben die Verteilung der Sporen bei einem Schimmelpilzschaden in einem Haus oder einer Wohnung zu untersuchen. Staubproben können immer nur als ein Teil einer Untersuchungsstrategie gesehen werden und sollten nicht als alleinige Untersuchungsmethode gewählt werden. Im Leitfaden des Umweltbundesamtes (Leitfaden zur Vorbeugung, Untersuchung, Bewertung und Sanierung von Schimmelpilzwachstum in Innenräumen, 2002) heißt es: *„Für die Erfassung von Schimmelpilzen im Hausstaub gibt es noch keine allgemein anerkannte Methode. Es können daher keine generellen Bewertungshilfen angegeben werden.“* Die VDI 4300 Blatt 8 „Messen von Innenraumluftverunreinigungen – Probenahme von Hausstaub“ (2001), die die Entnahme und Bewertung vom Hausstaub als Thema hatte, wurde zurückgezogen. Dieses sind vermutlich Gründe, warum Staubproben in der Praxis nur eine untergeordnete Rolle spielen.

2.7 Abklatsch- und Kontaktproben

2.7.1 Abklatschproben

Prinzip

Petrischale mit gewölbtem Nährboden

Abklatschproben kommen aus dem Bereich der Krankenhaushygiene. Dort werden sie eingesetzt, um das nach einer Desinfektion verbleibende Infektionsrisiko von Bakterien auf Oberflächen zu kontrollieren: Im Krankenhaus werden Oberflächen regelmäßig gereinigt und desinfiziert um zu verhindern, dass sich Bakterien verbreiten und Infektionen auslösen können. Nach der Desinfektion der Oberflächen sollten dort nur noch sehr wenige oder gar keine Bakterien mehr zu finden sein. Um dies zu kontrollieren, drückt man eine Petrischale mit gewölbtem Nährboden, z. B. CASO-Agar, auf eine solche glatte, gereinigte Oberfläche. Die Mikroorganismen, die sich von der Oberfläche lösen, werden auf dem Medium angezüchtet.

Beurteilung der Ergebnisse

Kontrolle von Lüftungsanlagen

Dieses Verfahren auf Schimmelpilzschäden in Innenräume zu übertragen, ist nur in sehr begrenzten Anwendungsgebieten möglich. Eine dieser Anwendungsmöglichkeiten ist die Kontrolle von Lüftungsanlagen nach erfolgter Reinigung gemäß VDI 6022 Blatt 1 „Raumlufttechnik, Raumluftqualität – Hygieneanforderungen an raumlufttechnische Anlagen und Geräte“ (2011). Wenn man eine Abklatschplatte in einen gereinigten Lüftungskanal drückt, darf das Ergebnis die in der VDI 6022 Blatt 1 (2011) vorgeschriebenen Anzahlen an KBE nicht überschreiten. Die Kontrolle frisch gereinigter Oberflächen ist ansonsten sehr begrenzt. Vorstellbar ist die Methode außerdem bei gereinigten Möbeln oder anderem Inventar, wenn diese nicht direkt von der Schimmelpilzkontamination betroffen waren.

Geringer Informationsgewinn

Auf Wänden oder anderen kontaminierten Materialien ist diese Analysemethode jedoch nicht sinnvoll. Auf einem Nährmedium kann nur eine begrenzte Anzahl an Kolonien wachsen, da ansonsten ein Rasenbewuchs entsteht (Kap. 2.4.1). Ein Baumaterial, das im eigentlichen Sinn nur gering mikrobiell belastet ist, kann einen solchen Rasenbewuchs auf einem Nährmedium erzeugen und damit als stark kontaminiert interpretiert werden. Da aber von einem Rasenbewuchs keine Gesamtbelastung abgeleitet werden kann, wäre dies eine vollkommen falsche Interpretation des Ergebnisses. Weil außerdem in den meisten Fällen eine Art dominiert, z. B. eine Art von *Penicillium*, und die eventuellen anderen Arten unterdrückt, kann auch die Zusammensetzung der Mikroflora mit dieser Methode nicht bestimmt werden. Aus diesen Gründen ist der Informationsgewinn einer Abklatschprobe von z. B. einer Wand sehr gering und wird in den meisten Fällen nicht empfohlen. Eine Alternative zu den Abklatschplatten ist die Direktmikroskopie mittels Klebefilmkontaktproben.

Praxistipp

Abklatschplatten haben ihre Berechtigung zur Überprüfung einer Reinigung von Lüftungsanlagen gemäß VDI 6022 Blatt 1 (2011) und eventuell noch bei gereinigten Möbeln oder anderem Inventar, wenn diese nicht direkt von Schimmelpilzen betroffen waren. An mit Schimmelpilzen kontaminierten Wänden bieten sie nur einen äußerst geringen Informationsgewinn.

2.7.2 Direktmikroskopie oder Klebefilmkontaktproben

Prinzip

Glatte Oberfläche

Bei der Direktmikroskopie wird ein Klebefilmstreifen auf eine glatte Oberfläche gedrückt. Dies kann vor Ort auf Wänden, Möbeln oder jeder anderen glatten Oberfläche geschehen oder im Labor bei den eingesandten Materialproben. Diesen Klebestreifen färbt man an, klebt ihn auf einen Objektträger und zählt unter dem Mikroskop die Mikroorganismen aus.

Fremdpartikel

Die Schwierigkeit bei diesem Verfahren besteht darin, dass auf dem Klebefilmstreifen häufig viele Staubpartikel oder andere Verschmutzungen zu finden sind. Sie können verhindern, dass sich Mikroorganismen auf dem Klebestreifen anheften. Fremdpartikel können Sporen und Hyphen überdecken und sie müssen von Sporen und Hyphen unterschieden werden. Der Streifen muss für die Analytik vom Mikroskop durchleuchtet werden können. Wenn z. B. viel Putz oder Farbreste auf dem Klebefilm anhaften, ist keine Auswertung möglich.

Beurteilung der Ergebnisse

Grundsätzlich ist bei der Bewertung von Klebefilmkontaktproben zu unterscheiden, ob die Probe aus einem Bereich mit sichtbarem Bewuchs, einem gereinigten oder einem nicht gereinigten Bereich entnommen wurde:

- Proben aus einem Bereich mit sichtbarem Bewuchs können in der Regel nicht ausgezählt werden und dienen nur der eventuellen Artenbestimmung oder einem Ausschluss von *Stachybotrys chartarum*. Wie bei der Partikelauswertung (Tabelle 2.6, Tabelle 2.7) können nur wenige Schimmelpilzarten näher bestimmt werden. Das Ergebnis beinhaltet die nachgewiesenen Schimmelpilztypen, das Myzel, nicht identifizierte Schimmelpilze und die einzelnen Konzentrationen.
- Proben aus gereinigten oder nicht gereinigten Bereichen können semiquantitativ oder quantitativ ausgewertet werden. Semiquantitativ bedeutet, dass die einzeln nachgewiesenen Mikroorganismen angegeben werden und ihre Konzentration grob eingeschätzt wird (z. B. mit + für wenig oder +++ für viel, Tabelle 2.9). Quantitativ bedeutet, dass die Menge der nachgewiesenen Mikroorganismen in Zahlen angegeben wird (Tabelle 2.10).

Art der Auswertung

Bei einer semiquantitativen oder quantitativen Auswertung gibt jedes Labor zu den Analyseergebnissen auch die Bewertungserläuterung an (Tabelle 2.9, Tabelle 2.10). Zu berücksichtigen ist, dass bei einer quantitativen Auswertung der Klebefilme größere Bereiche des Klebefilmstreifens ausgezählt werden müssen. Dies ist aufwendiger und teurer. Daher muss vorher entschieden werden, welche Informationen durch die Probe gewonnen werden sollen und entsprechend muss der Umfang der Analytik bestellt werden.

Tabelle 2.9: Beurteilungskriterien der Labor Urbanus GmbH für semiquantitative Klebefilme

Menge der nachgewiesenen Sporen	Bewertung
< 1	kein Nachweis
+	geringe Anzahl an Sporen/Hyphen
++	mäßige Anzahl an Sporen/Hyphen
+++	hohe Anzahl an Sporen/Hyphen

Tabelle 2.10: Beurteilungskriterien der Labor Urbanus GmbH für quantitative Klebefilme

Anzahl der nachgewiesenen Sporen pro cm^2	Bewertung
< 1	kein Nachweis
1–1.000	normal
1.001–10.000	etwas erhöht
10.001–100.000	erhöht
> 100.000	stark erhöht

Praxistipp

Wenn sie nicht zu stark verschmutzt sind, dienen Klebefilmstreifen bei starker Kontamination der Artenbestimmung und können bei weniger starker Kontamination semiquantitativ oder quantitativ ausgewertet werden.

2.8 Ergänzende Untersuchungen

2.8.1 Holzverfärbende und holzzerstörende Pilze

Wenn bei Feuchteschäden Holzbauteile betroffen sind, müssen nicht nur Schimmelpilze und Bakterien beachtet werden, sondern auch Pilze, die das Holz abbauen können. Schimmelpilze und Bläuepilze zählen zu den holzverfärbenden Pilzen, d. h., wenn sie auf Holz wachsen, verfärben sie es, bauen es aber nicht ab. Holzzerstörende Pilze sind dagegen Ständerpilze, die die Struktur des Holzes abbauen und somit seine Festigkeit vermindern. Insbesondere bei tragenden Holzteilen kann dies verheerende Folgen haben.

Häufige Vertreter

Zu den Bläuepilzen zählen *Ceratocystis*, *Cladosporium*, *Sclerophoma*, *Aureobasidium* und viele andere mehr.

Weißfäule und Braunfäule

Bei den holzzerstörenden Pilzen werden 2 Gruppen unterschieden, Weißfäule und Braunfäule. Weißfäule wird der Prozess genannt, bei dem Pilze das Lignin im Holz abbauen. Bei der Braunfäule wird hingegen vorwiegend Zellulose abgebaut. Bekanntester Vertreter der holzzerstörenden Pilze ist *Serpula lacrymans* (Echter Hausschwamm). Weitere Pilze dieser Gruppe sind in Tabelle 2.11 aufgelistet.

Tabelle 2.11: Einige Vertreter der Braun- und Weißfäule

Verursacher von Braunfäuleschäden	Verursacher von Weißfäuleschäden
Echter Hausschwamm (*Serpula lacrymans*)	Ausgebreiteter Hausporling (*Donkioporia expansa*)
Brauner Kellerschwamm (*Coniophora puteana*)	Zimtbrauner Feuerschwamm (*Phellinus contiguus*)
Weißer Porenschwamm (*Antrodia vailantii*)	Sternsetenpilze (*Asterostroma* spp.)

Praxistipp

Der Echte Hausschwamm kann sich auch bei geringer Feuchtigkeit vermehren und mithilfe seines Myzels auch über weite holzfreie Strecken verbreiten. Er wächst auch durch Fugen, Kanäle und sogar Mauerwerke. Das Auffinden und Sanieren dieses Pilzes ist sehr schwierig und aufwendig.

Untersuchung

Polymerase-Kettenreaktion

Holzzerstörende Pilze werden mikroskopisch untersucht und anhand von morphologischen Merkmalen differenziert. Ist es nicht möglich, einen holzzerstörenden Pilz aufgrund von fehlenden morphologischen Merkmalen zu differenzieren, kann auch eine DNA-Diagnostik für die Differenzierung eingesetzt werden. Das Verfahren nennt man PCR (Polymerase-Kettenreaktion [engl. „Polymerase Chain Reaction", PCR]). In diesem Verfahren wird die Erbsubstanz (DNA) vervielfältigt und die so ermittelte genetische Information (genetischer Fingerabdruck) wird mit einer Datenbank abgeglichen, um den Erreger zu identifizieren.

2.8.2 MVOC

MVOC ist die Abkürzung für „microbial volatile organic compounds" und bedeutet so viel wie mikrobielle flüchtige organische Substanzen. MVOC sind also Stoffwechselprodukte, die (unter anderem) von Mikroorganismen abgegeben werden. Die Messung ist zu empfehlen, wenn der Verdacht auf eine Schimmelpilzkontamination besteht.

Untersuchung

Chemische Untersuchung

Die MVOC-Analytik ist eine chemische, keine mikrobiologische Untersuchung, und wird dementsprechend von chemischen Laboren durchgeführt und in der Regel nicht von mikrobiologischen Laboren, die auf Schimmelpilzanalytik spezialisiert sind. Sie soll aber der Vollständigkeit halber kurz erläutert werden.

Indikatorsubstanzen

Bei der MVOC-Messung wird mit speziellen Röhrchen aus der Raumluft eine bekannte Luftmenge gesammelt und auf bestimmte chemische Indikatorsubstanzen kontrolliert, die bei einem mikrobiellen Bewuchs entstehen. Auch von abgetrockneten und versteckten mikrobiellen Schäden gelangen die MVOC in die Raumluft und können so Hinweise auf nicht sichtbare Schäden geben. Bei den MVOC werden Haupt- und Nebenindikatoren unterschieden:

Die Hauptindikatoren sind:

- 3-Methylfuran
- Dimethyldisulfid
- 1-Octen-3-ol
- 3-Octanon
- 3-Methoyl-1-butanol

Die Nebenindikatoren sind:

- 2-Pentanol
- 2-Hexanon
- 2-Heptanon

Beurteilung der Ergebnisse

Hinweis auf einen mikrobiellen Schaden

Hauptaussage der Messung ist, ob eine versteckte bzw. nicht sichtbare Schimmelpilzkontamination vorliegt oder nicht. Aus diesem Grund ist eine Messung bei einer bekannten oder sichtbaren mikrobiellen Kontamination nicht sinnvoll. Wenn das Analyseergebnis einen Gesamtwert von über 0,5 $\mu g/m^3$ zeigt und mindestens ein Hauptindikator nachgewiesen wird, ist das Ergebnis positiv und weist auf einen mikrobiellen Schaden hin. Mit dem Ergebnis kann man nicht sagen, um welchen Schimmelpilz bzw. um welches Bakterium es sich handelt und wo im Innenraum er bzw. es sich befindet. Dafür sind weitere Untersuchungsmethoden notwendig. Die MVOC-Messung kann nur den Verdacht auf einen Schaden bestätigen oder widerlegen.

Praxistipp

MVOCs sind Stoffwechselprodukte, die teilweise auch von anderen Lebewesen abgegeben werden. Aus diesem Grund dürfen sich vor und während der Messung keine Pflanzen, Tiere oder Menschen im Bereich der Messung befinden. Auch sollte in angrenzenden Räumen nicht gekocht, gebacken oder geraucht werden, da dies die Ergebnisse verfälschen würde.

MVOCs und Schimmelgeruch

Schimmelgeruch

Die MVOCs werden häufig mit Schimmelgeruch in Verbindung gebracht. Allerdings hat der Mensch generell keinen guten Geruchssinn und die Wahrnehmung von Gerüchen ist von Mensch zu Mensch sehr unterschiedlich (Kap. 1.4.4). Schimmelspürhunde können MVOCs riechen, weshalb MVOCs eine Grundlage für die Ausbildung von Schimmelspürhunden sind. Menschen hingegen können die MVOCs nicht immer wahrnehmen.

> **Hinweis**
>
> Bei welcher Konzentration Menschen MVOCs riechen können, hängt einerseits von der Konzentration des Stoffs und andererseits vom Geruchssinn der einzelnen Person ab. Bei einigen MVOCs (z. B. Geosmin, ein Erdgeruch, der von Actinomyceten produziert wird) muss eine sehr exakte und arbeitsintensive chemische Analytik betrieben werden, um diesen Stoff überhaupt nachweisen zu können.

2.9 Häufig gestellte Fragen zur Analytik

Was bedeutet Nachweisgrenze?

Die Nachweisgrenze ist die Menge an Mikroorganismen, die in einer Probe mindestens vorhanden sein muss, um nachgewiesen werden zu können. In der Mikrobiologie wird nicht „Null“ angegeben, sondern, dass die Werte unterhalb der Nachweisgrenze liegen.

Was ist eine Bezugsgröße?

Die Bezugsgröße ist die Einheit, in der die Probe eingewogen oder entnommen wurde. Bei Materialproben ist dies Gramm (g) oder Quadratzentimeter (cm^2), bei Luftproben Kubikmeter (m^3). Die Ergebnisse werden in dieser Einheit angegeben.

Warum kann eine Stoffwechselaktivität vorliegen, aber keine KBE anwachsen?

Schimmelpilze und Bakterien wachsen nur, wenn ihnen die richtigen Nährstoffe zur Verfügung stehen. Manchmal sind die Mikroorganismen zu sehr an ihren Wachstumsort angepasst oder die Nährstoffe in den Nährmedien sind nicht die gewünschten, sodass die Mikroorganismen deshalb keine KBE bilden.

Warum können bei einer nicht vorliegenden biochemischen Aktivität KBE nachgewiesen werden?

Die Analyse auf biochemische Aktivität ist eine Momentaufnahme. Die Probe wird anschließend auf das Nährmedium aufgebracht, und die Zellen bekommen wieder Nährstoffe und Feuchtigkeit. Damit beginnt eine Reaktivierung des Stoffwechsels und es bilden sich KBE, auch wenn zuvor keine Stoffwechselaktivität nachweisbar war.

Warum ist die Gesamtzellzahl wichtig, wenn die Zellen nicht mehr aktiv sind?

Allergene und Toxine sitzen auf der Zelloberfläche und können ihre Wirkung auch dann entfalten, wenn die Zelle nicht aktiv ist. Aus diesem Grund gehen auch von abgetrockneten oder toten Mikroorganismen gesundheitliche Gefahren aus. Auch Zellbestandteile und Stoffwechselprodukte können weiterhin in die Raumluft gelangen.

Warum sind Materialproben aussagekräftiger als Luftproben?

Materialproben können gezielt entnommen und beurteilt werden. Das Ergebnis kann einem bestimmten Ort zugeordnet werden und dies hilft – zusammen mit den Objekt- und Schadensdaten –, um die Probe aussagekräftig beurteilen zu können. Luftproben haben immer einen hohen statistischen Fehler und können negativ sein, obwohl ein Schaden vorliegt. Bei einer positiven Luftprobe kann nicht gesagt werden, woher die Mikroorganismen kommen.

Wieso ist bei Oberflächenkontaktproben keine Altersbestimmung möglich?

Für eine Altersbestimmung sind die Analyseergebnisse von Gesamtzellzahl, biochemischer Aktivität und KBE notwendig. Diese Informationen werden von Klebefilmkontaktproben nicht geliefert, da es sich um eine rein mikroskopische Analytik handelt.

Können einzelne Analyseschritte nachträglich durchgeführt werden?

Gesamtzellzahl und KBE können nachträglich durchgeführt werden. Die Lagerung der Proben kann aber das Ergebnis beeinflussen. Daher sollten die Proben möglichst kühl und dunkel gelagert werden. Die Analyse der biochemischen Aktivität ist nur direkt nach Ankunft im Labor möglich.

Was sind Rückstellproben?

Manche Fragestellungen können nur mit mehreren Proben beantwortet werden, aber nicht immer werden alle Analyseergebnisse auf einmal benötigt. Wenn eine solche Fragestellung zu einem späteren Zeitpunkt beantwortet werden soll, benötigt man Rückstellproben, also von der ursprünglichen Probe entnommene, zwischenzeitlich gelagerte Proben.

Was muss bei dem Versand von Proben beachtet werden?

Die Proben sollten schnellstmöglich nach Probenentnahme im Labor vorliegen. Warme und sehr kalte Temperaturen können das Analyseergebnis verändern. Daher sollten z. B. vor Wochenenden oder Feiertagen keine Proben verschickt werden, da nicht klar ist, wo die Post die Proben aufbewahrt. Insbesondere im Hochsommer kann dies zu Problemen führen. In so einem Fall sollten die Proben lieber kühl gelagert und am nächsten Arbeitstag losgeschickt werden. Eine längere Lagerung insbesondere im Pkw sollte vermieden werden. Proben müssen immer einzeln verpackt und gut beschriftet sein.

Warum wird häufig nur die Gattung, aber nicht die Art bestimmt?

Die Bestimmung der Art liefert häufig nur wenig zusätzlichen Informationsgehalt, benötigt aber viel Zeit und Arbeitsaufwand. Bei bestimmten Fragestellungen kann dieser Aufwand gerechtfertigt sein, in den meisten Fällen reicht jedoch die Bestimmung der Gattung.

Warum dauert die KBE-Analytik von Schimmelpilzen mindestens eine Woche?

Die Schimmelpilze können erst differenziert werden, nachdem sie Sporen gebildet haben. Die Ausbildung des Luftmyzels und der Sporen dauert in den meisten Fällen mindestens 6 Tage.

Was sind nicht identifizierbare Sporen bei mikroskopischen Untersuchungen?

Insbesondere bei Luftpartikelmessungen und Klebefilmanalysen werden häufig Sporen nachgewiesen, die keiner Art zugeordnet werden können. Diese werden nicht identifizierbare oder diverse Pilzsporen genannt. Diesen Sporen fehlen morphologische Merkmale, um sie einer Schimmelpilzart zuordnen zu können.

Wie soll eine Partikelauswertung beurteilt werden, wenn nur nicht identifizierte bzw. sonstige Sporen nachgewiesen wurden?

Bei der mikroskopischen Auswertung der Partikelspur können nur einige wenige Sporen anhand von morphologischen Merkmalen differenziert werden. Alle anderen Sporen werden als sonstige Sporen bezeichnet. Wenn die Menge der sonstigen Sporen als hoch beurteilt wird, deutet dies auf einen Schaden bzw. eine unzureichende Sanierung hin, auch wenn diese Sporen nicht namentlich benannt werden können.

Was bedeutet der Nachweis von Myzel in Luftproben?

Wie Sporen befindet sich auch Myzel in der Raumluft. Myzel in der Raumluft deutet auf ein Schimmelwachstum in der näheren Umgebung hin, da das Myzel schlechte Flugeigenschaften besitzt. Aber auch hier kommt es auf die nachgewiesene Konzentration an. Aufgrund eines einzelnen Myzelstücks kann nicht auf einen Schaden geschlossen werden. Bei der Interpretation kann das Labor weiterhelfen.

Eine Estrichdämmschichtprobe zeigt leicht erhöhte Werte. Soll der Estrich nun ausgebaut werden?

Wenn eine Probe für einen Probenentnahmebereich keine aussagekräftigen Ergebnisse liefert, müssen weitere Informationen herangezogen werden. Das können weitere Proben sein (z. B. bereits vorhandene Rückstellproben) oder auch Objekt- und Gebäudedaten. Bevor ein Ausbau eines Materials empfohlen wird, müssen ausreichend Fakten vorhanden sein.

Die Bestimmung der Gesamtzellzahl zeigt Werte im Graubereich. Wie soll das beurteilt werden?

Wenn bei einer Teilanalyse auf Gesamtzellzahl keine eindeutigen Werte nachgewiesen wurden, kann nachträglich noch die KBE angezüchtet werden. Die Zusammensetzung der Mikroflora kann weitere Fakten liefern, um eine Probe ggf. besser beurteilen zu können. In manchen Fällen müssen weitere Proben analysiert werden oder mehr Informationen über den Probenentnahmeort eingeholt werden. Nicht immer kann eine Probe eindeutig beurteilt werden.

Was bedeuten die Zahlen der Analyseergebnisse?

$1{,}7 \cdot 10^6$ z. B. ist die wissenschaftliche Schreibweise der Zahl 1.700.000. Die wissenschaftliche Schreibweise ist bei sehr großen Zahlen übersichtlicher. Die Tabelle 2.12 zeigt, wie die Zahlen zu lesen sind.

Tabelle 2.12: Wissenschaftliche Schreibweise von Zahlen

wissenschaftliche Schreibweise	Bedeutung
$1{,}0 \cdot 10^0$	1
$1{,}0 \cdot 10^1$	10
$1{,}0 \cdot 10^2$	100
$1{,}0 \cdot 10^3$	1.000
$1{,}0 \cdot 10^4$	10.000
$1{,}0 \cdot 10^5$	100.000
$1{,}0 \cdot 10^6$	1.000.000
$1{,}0 \cdot 10^7$	10.000.000
$1{,}0 \cdot 10^8$	100.000.000

Wie lange werden Proben im Labor aufbewahrt?

Rückstellproben (entnommene Proben, für die noch kein Analyseauftrag vorliegt) werden einige Wochen aufbewahrt, bis entschieden ist, ob sie noch analysiert werden sollen. Probenmaterial wird ca. 4 Wochen aufbewahrt. Die Probensuspensionen, die für die Analytik verwendet wurden, sind im Labor für ca. 3 Monate gelagert.

Wie viel Probenmaterial wird für eine Analytik benötigt?

Für die mikrobiologische Analytik werden wenige Gramm bzw. Quadratzentimeter benötigt. Die Größe einer Handfläche ist ein guter Anhaltspunkt, um die Menge des Materials auszuwählen. Wichtig ist, den Bereich zu kennzeichnen, der analysiert werden soll.

Warum konnte eine KBE-Analytik nicht ausgewertet werden?

Manchmal kommt es vor, dass eine Verunreinigung auf den Nährmedien vorliegt. Dies bedeutet z. B., dass viele Bakterien auf einem Schimmelpilzmedium oder Schimmelpilze auf einem Bakterien-Agar vorliegen. Die Gründe dafür sind vielfältig, eine solche Verunreinigung kann trotz sorgfältiger Arbeit gelegentlich vorkommen. Wenn dies der Fall ist, muss die Probe neu angesetzt werden und wieder eine Woche wachsen. Diese Verzögerung ist dann notwendig, um zu einem guten Analyseergebnis zu gelangen.

Was bedeutet „gestört" als Ergebnis für die biochemische Aktivität oder die Gesamtzellzahl?

Bei den mikroskopischen Untersuchungen der Gesamtzellzahl oder biochemischen Aktivität werden die Mikroorganismen mit einem Farbstoff angefärbt. Wenn andere Materialien den Farbstoff ebenfalls annehmen, ist unter dem Mikroskop nur noch eine leuchtende Masse zu sehen. Labortechnisch kann einiges unternommen werden, um die Probe dennoch auszuwerten, aber nicht immer gelingt dies. Wenn keine Analyse möglich ist, wird als Ergebnis „gestört" angegeben.

Wie kommt es, dass die KBE nicht nachgewiesen werden konnten?

Wenn eine KBE-Analyse unterhalb der Nachweisgrenze bleibt, die Gesamtzellzahl jedoch Mikroorganismen nachgewiesen hat, kann dies unterschiedliche Gründe haben. Zum einen können die Mikroorganismen chemisch behandelt, alt oder abgetrocknet sein, zum anderen gibt es Mikroorganismen, die auf Labormedien nicht anwachsen, weil ihnen z. B. die Nährstoffe nicht entsprechen und sie an das Baumaterial, auf dem sie gewachsen sind, angepasst sind. Schimmelpilze und Bakterien sind Lebewesen und nur weil sie nicht im Labor anwachsen, heißt das nicht, dass sie nicht vorhanden sind.

Es wurden leicht erhöhte Bakterienwerte nachgewiesen, die Probe aber dennoch als unbelastet beurteilt. Wie kann das sein?

Versuche haben gezeigt, dass bei verbauten Materialien bereits etwas erhöhte Bakterienkonzentrationen vorliegen können, auch wenn es kein Feuchtigkeitsproblem gibt. Wenn in einem Ergebnis nur die Bakterien leicht erhöht sind und weder die biochemische Aktivität noch die KBE nachweisbar sind, kann davon ausgegangen werden, dass in dem untersuchten Material kein mikrobieller Schaden vorliegt.

Wieso ist eine Partikelspur nicht auswertbar?

Um eine Partikelspur mikroskopisch auszuwerten, dürfen nicht zu viele Sporen und Fremdpartikel die Fläche der Spur belegen. Das Labor muss entscheiden, wann eine Auswertung sinnvoll ist, und sollte angeben, wenn dies labortechnisch nicht möglich ist. Ein geringeres Probenvolumen kann das Problem beheben, allerdings darf das Volumen auch nicht zu stark reduziert werden. Gegebenenfalls kann eine erneute Feinreinigung das Problem beheben.

Warum wird bei MVOCs nicht die Außenluft gemessen?

Bei vielen Versuchen hat sich gezeigt, dass in der Außenluft keine auffälligen MVOC-Konzentrationen vorliegen und daher die Innenraumluft nicht beeinflusst wird. Aus diesem Grund wird die Außenluft nicht zur Beurteilung von Innenraumluft benötigt.

Warum können MVOC-Messungen nicht als Sanierungskontrolle verwendet werden?

MVOCs werden bei einer Sanierung vermehrt freigesetzt, lagern sich in porösen Materialien an und gasen mit der Zeit aus. Aus diesem Grund können die MVOC-Werte kurz nach der Sanierung noch erhöht sein. Erfahrungen zeigen, dass eine MVOC-Messung erst 6 Monate nach einer Sanierung durchgeführt werden sollte. Für eine Freigabe kurz nach der Sanierung ist diese Analytik also nicht geeignet, kann aber, bei einigen Fragestellungen, nach 6 Monaten sinnvoll sein.

Warum sollten MVOC nicht bei sichtbarem Schimmelbewuchs gemessen werden?

Die MVOC-Analyse ist dafür gedacht, einen Schimmelpilzverdacht zu bestätigen oder zu widerlegen. Wenn ein Schimmelpilzschaden bereits sichtbar ist, liefert dieses Verfahren keinen Informationsgewinn.

Was für ein Klebefilm sollte für Oberflächenkontaktproben verwendet werden?

Für eine gute Auswertung der Probe benötigt das Labor eine möglichst klare Sicht durch den Klebefilm. Ein einfacher, handelsüblicher Klebefilm eignet sich sehr gut. Zu beachten ist, dass dieser Klebefilm keine Zusatzattribute wie „unsichtbar" oder „kristallklar" besitzt, denn diese können die Durchsicht beeinflussen.

Wann ist eine Oberflächenkontaktprobe nicht auswertbar?

Bei der mikroskopischen Auswertung von Oberflächenkontaktproben wird mit einem Mikroskop durch den Klebefilm hindurchgeschaut und die auf der Klebefläche befindlichen Sporen und Myzelien gezählt. Wenn diese Durchsicht durch Fremdpartikel o. Ä. gestört wird, ist eine Auswertung nicht möglich. Wenn auf dem Klebefilm viele Fremdpartikel, z. B. Putz, sind, können sich unterhalb dieser Partikel auch Sporen oder Myzelien befinden, die nicht sichtbar sind und somit auch nicht erfasst werden können. Bei starker Verschmutzung wird dann „nicht auswertbar" angegeben, bei leichten bis mäßigen Verschmutzungen wird gezählt, was sichtbar ist und ein Hinweis gegeben, dass einige Bereiche der Probe nicht auswertbar waren und die Anzahl an Sporen etc. vermutlich höher ist.

Nach einer Sanierung und Feinreinigung wurde die Raumluft gefoggt. Welche Analyse eignet sich als Sanierungskontrolle?

Foggen ist das Vernebeln von Desinfektionsmittel in der Raumluft nach einer Sanierung und Feinreinigung. Das Foggen inaktiviert die noch vorhandenen Mikroorganismen in der Raumluft, zerstört diese aber nicht. Aus diesem Grund kann das Foggen nicht die Feinreinigung ersetzen. Durch die Inaktivierung der Mikroorganismen ist der Nachweis von KBE stark reduziert und eignet sich nicht als Sanierungskontrolle. Nach einer Desinfektion oder Vernebelung mit Desinfektionsmittel eignen sich mikroskopische Analysemethoden, die unabhängig von der Aktivität der Zellen sind. Luftpartikelmessungen können eingesetzt werden, um die Sanierungsmaßnahme zu überprüfen oder auch Oberflächenkontaktproben von glatten Flächen.

Sind Objektdaten für das Labor wichtig?

Für die Analytik benötigt das Labor keine Objekt- oder Schadensdaten. Wichtig ist nur, Hinweise zu geben, was genau von der Probe analysiert werden soll. Wenn das Labor später die Ergebnisse genauer beurteilen soll, sind Objektdaten ggf. notwendig.

Warum ist das Datum der Probenentnahme wichtig?

Für die reine Analytik spielt das Probenentnahmedatum keine Rolle. Allerdings kann das Labor überprüfen, wie lange die Probe bis zum Labor unterwegs war und dies ggf. bei der Beurteilung berücksichtigen. Die Altersbestimmung gilt immer vom Tag der Probenentnahme an. Es reicht aber, wenn derjenige, der Probe entnommen hat, das Datum in seinen Unterlagen vermerkt. Das Datum ist keine zwingende Vorgabe an das Labor.

Kann das Analyseergebnis auf alle Materialien im Raum angewendet werden?

Das Ergebnis gilt nur für das im Labor untersuchte Material. Wenn die Probe einen Bereich repräsentiert, hilft das Ergebnis, diesen Bereich zu bewerten.

Kann man mehrere Materialien zusammen untersuchen lassen?

Wenn verschiedene Materialien von einem oder mehreren Entnahmeorten zusammen untersucht werden, wird diese Probe Mischprobe genannt. Vorteil dieser Probe ist es, dass nicht mehrere Analysen berechnet werden. Der Nachteil ist, dass bei der Bewertung nicht gesagt werden kann, woher die Mikroorganismen stammen. Des Weiteren können verschiedene Materialien das Ergebnis „verwässern", falls die Materialien unterschiedlich stark belastet bzw. unbelastet sind. Bei einigen Fragestellungen kann mit Mischproben gearbeitet werden, dies sollte man vorher aber genau prüfen.

3 Probenentnahme für mikrobiologische Untersuchungen bei Feuchteschäden

Am Beginn jeder mikrobiologischen Untersuchung steht die Probenentnahme und ihre Planung (Abb. 3.1). Für eine gute Probenentnahme gelten die in Tabelle 3.1 genannten Grundregeln unabhängig von der Analyseart.

Tabelle 3.1: Grundregeln Probenentnahme

Regel bei der Probenentnahme	Erläuterung
Fragestellung	Welche Information soll die Probe liefern?
Planung der Probenentnahme	Wo sollen die Proben entnommen werden?
Analyse auswählen	Auswahl der richtigen Analytik, um die gewünschten Informationen zu erhalten
sauberes Arbeiten	Entnahmegeräte, Hände, Maschinen vor **jeder** Entnahme säubern bzw. desinfizieren
Proben verpacken	jede Probe einzeln verpacken, um gegenseitige Kontamination zu vermeiden
Proben beschriften	jede Probe so beschriften, dass das Analyseergebnis dem Probenentnahmeort zugeordnet werden kann
Versand	Probe zügig an das Labor versenden, Wochenenden und Feiertage beachten

In der VDI 4300 Blatt 10 „Messen von Innenraumluftverunreinigungen – Messstrategien zum Nachweis von Schimmelpilzen im Innenraum“ (2008) wird die Probenentnahme bei Schimmelpilzschäden ausführlich beschrieben. In diesem Buch sollen nur die

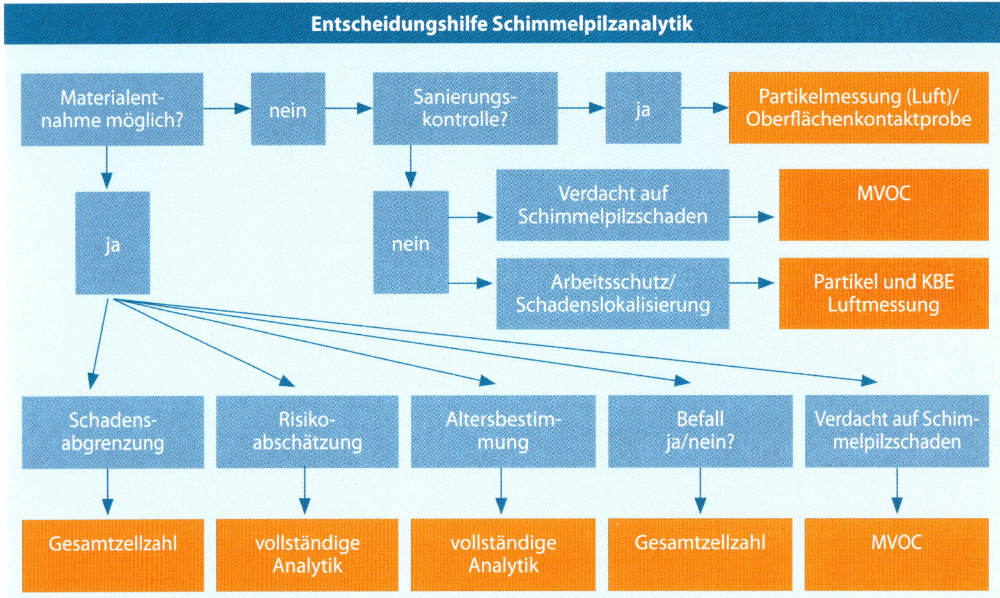

Abb. 3.1: Hilfestellung bei der Schimmelpilzanalytik

Aspekte erwähnt und erläutert werden, die die mikrobiologische Analytik beeinflussen können. Eine fachgerechte Probenentnahme ist die Grundlage für eine informative und qualitativ gute Analytik.

3.1 Fragestellungen vor Ort

Wegweiser für die Probenentnahme

Bei der Begutachtung eines Schimmelpilzschadens ist der erste Schritt die spezifische Fragestellung. Diese Fragestellung ist dann der Wegweiser für die Planung und die Durchführung der Probenentnahme. Diese Thematik ist sehr vielfältig, in der Tabelle 3.2 werden dazu einige Standardsituationen zusammengefasst. Im Kapitel 4 wird dieses Thema aufgegriffen und anhand von Praxisbeispielen vertieft dargestellt.

Tabelle 3.2: Fragestellungen bei Schimmelpilzschäden (Auswahl)

Fragestellung	Analyseart	Antwortmöglichkeiten
Kontamination in der Tiefe eines Materials	Material, mindestens GZ	• Gesamtzellzahl (GZ) Antwort: kontaminiert oder nicht kontaminiert • KBE Antwort: welcher Schimmelpilz/ Zusammensetzung Mikroflora
Belastung in der Raumluft	Luft, mindestens Partikel, evtl. KBE	• Partikel/GZ Antwort: belastet oder nicht belastet • KBE Antwort: welcher Schimmelpilz/ Zusammensetzung Mikroflora
Sanierungskontrolle	Luft, Partikelmessung	• Partikel/GZ Antwort: saniert oder nicht saniert, gereinigt oder nicht gereinigt
Sanierungskontrolle/ Reinigungskontrolle Oberflächen	Klebefilm	• Sporen/Myzel pro cm^2 Antwort: saniert oder nicht saniert, gereinigt oder nicht gereinigt
Altersbestimmung	Material	• vollständige Analytik notwendig Antwort: das ungefähre Alter wird bestimmt
Belastung des Materials	Material, mindestens GZ	• Gesamtzellzahl (GZ) Antwort: kontaminiert oder nicht kontaminiert • KBE Antwort: welcher Schimmelpilz/ Zusammensetzung Mikroflora
gesundheitliche Auswirkung	Luft und Material	• Partikel/GZ Antwort: belastet oder nicht belastet • KBE Antwort: welcher Schimmelpilz/ Zusammensetzung Mikroflora
Verdacht auf Schaden	MVOC/Staub	• Staub, KBE Antwort: Indikatororganismen vorhanden oder nicht vorhanden • MVOC Antwort: mikrobiell belastet oder nicht belastet

Probenentnahmestrategie

Wenn die Fragestellung vor Ort festgelegt wurde, kann eine Probenentnahmestrategie entwickelt werden, in der man festlegt, wo die Proben entnommen werden sollten und welche Analytik für die Antworten benötigt wird. Jeder Schaden ist individuell und es ist kaum möglich, ein Schema zu entwickeln, das für jede Situation passt. Somit kann auch nicht jeder Schaden gleich beprobt werden. Es ist sinnvoll einen Plan zu erstellen, der die Gegebenheiten vor Ort, die Beteiligten und die Fragestellung berücksichtigt.

3.2 Auswahl des richtigen Entnahmeortes

Gezielte Probenentnahme

Bei jeder Probenentnahme soll die entnommene Probe eine Frage beantworten, z. B. ganz banal: Ist das Schimmel? Oder gezielter: Wie heißt der Schimmel? Oder komplexer: Ist der Wasserschaden aus der Küche auch Ursache für den Schimmel im Badezimmer? Nicht jede Frage ist mit nur einer Probe zu beantworten, aber die Proben müssen so entnommen werden, dass die Analyseergebnisse auch die Frage beantworten (Tabelle 3.3). Wenn z. B. in einem sichtbar verschimmelten Zimmer die Fragestellung lautet, wie groß der Schadensbereich ist und die Probe dazu aus dem sichtbar geschädigten Bereich entnommen wird, können die Analyseergebnisse die Frage nicht beantworten. Dafür sollten Proben aus den angrenzenden Bereichen entnommen werden. Wenn die Fragestellung lautet, ob die tieferen Schichten im Putz betroffen sind, müssen auch die tieferen Schichten beprobt werden. Dies kann z. B. mit Materialproben geschehen, indem man die oberen Schichten des Putzes entfernt und nur das tiefer liegende Material für die Analytik einsendet.

Im Kapitel 4 wird anhand von Beispielen erläutert, welche Proben an welchem Probenentnahmeort bei welcher Fragestellung aus mikrobiologischer Sicht entnommen werden sollten. Nicht immer steht in der Praxis ausreichend Geld zur Verfügung, um alle sinnvollen Proben zu entnehmen. Besonders in diesen Fällen muss man festlegen, mit welchen Proben der größte Informationsgewinn erreicht wird.

Praxistipp

Proben müssen gezielt entnommen und die Fragestellungen vor Ort berücksichtigt werden. Weil dies häufig nicht geschieht, kann durch ein Umdenken viel Geld gespart oder besser eingesetzt werden.

Tabelle 3.3: Beispiele für den richtigen Entnahmeort

Fragestellung	Entnahmeort	Analyse
Zusammensetzung Mikroflora	aus dem Schadensbereich	KBE
Schadensgröße	angrenzende Bereiche des sichtbaren Schadens	Gesamtzellzahl, Klebefilm
Alter des Schadens	aus dem Schadensbereich	vollständige Materialprobe
Sanierungskontrolle	Raummitte	Partikel, ggf. KBE-Luftmessung
Sanierungskontrolle	Oberflächen im sanierten Bereich, Möbel	Klebefilm

3.3 Auswahl der richtigen Analytik

Wann welche Analysemethode die richtige ist, hängt von vielen Faktoren und der Fragestellung vor Ort ab. In der Tabelle 3.4 sind einige Beispiele für die Einsatzmöglichkeiten von Analysemethoden zusammengefasst. In Abb. 3.2 ist noch einmal dargestellt, welche Probenentnahmen mit welchen Analysemethoden ausgewertet werden können.

Tabelle 3.4: Einsatzmöglichkeiten verschiedener Analysemethoden

Analyseart	was wird untersucht	Einsatzmöglichkeiten
vollständige Materialanalyse	Gesamtbelastung Mikroorganismen und KBE im Material	Schadensabgrenzung, Altersbestimmung, Aufdecken von Schäden (auch Altschäden und desinfizierte Schäden), Grundlage für medizinische Untersuchungen
Teilanalyse des Materials, Gesamtzellzahl (GZ)	Gesamtbelastung Mikroorganismen im Material	*Stachybotrys*-Nachweis, Schadensabgrenzung, Aufdecken auch von Altschäden und desinfizierten Schäden
Teilanalyse des Materials, KBE	KBE im Material	Zusammensetzung der Mikroflora, Risikoeinstufung, Grundlage für medizinische Untersuchungen
Luftanalyse vollständig	Partikel und KBE der Luft	Sanierungskontrolle, Arbeitsschutzmessungen, Risikoabschätzung bei Risikopatienten, eingeschränkt Schadenslokalisierung
Klebefilmanalytik	Mikroorganismen auf Oberflächen	Oberflächenkontrolle, *Stachybotrys*-Nachweis, Sanierungskontrolle eingeschränkt, Schadensausbreitung, Kontrolle Feinreinigung bzw. fehlender Umgebungsschutz
MVOC	Stoffwechselprodukte von Mikroorganismen	bei Verdacht auf einen nicht sichtbaren mikrobiellen Schaden

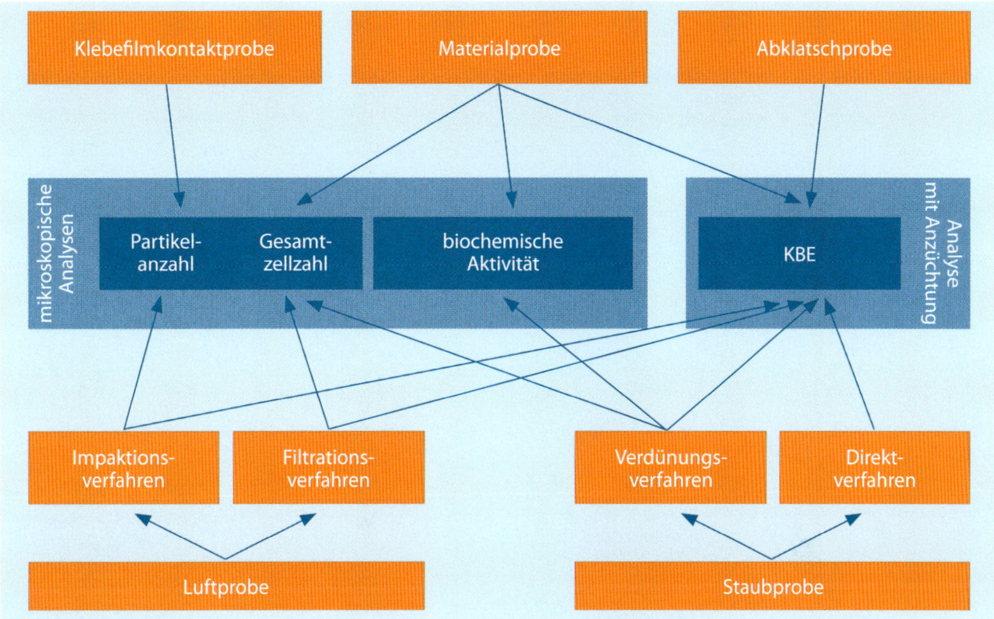

Abb. 3.2: Zusammenstellung von Analysemethoden und Probenentnahme

In der Tabelle 3.5 werden weitere Einsatzmöglichkeiten von Analysen dargestellt, die helfen sollen, die richtige Probenentnahmestrategie zu entwickeln und die informativste Analytik auszuwählen. Auch das Labor kann weiterhelfen, wann welche Analytik sinnvoll ist. Im Kapitel 4 wird diese Thematik anhand von Praxisbeispielen verdeutlicht und vertieft.

Tabelle 3.5: Einsatzmöglichkeiten von Analysemethoden für die Probenentnahmestrategie

Analyseart	Biomasse (GZ)	anzüchtbare Mikroorganismen (KBE)	Altersbestimmung	periodische Auffeuchtung	*Stachybotrys*-Nachweis	Schadensabgrenzung	Besonderheiten
vollständige Materialanalytik GZ/BA/KBE	ja	ja	ja	ja	ja	ja	aussagekräftigste Untersuchung, Aufdeckung, Abgrenzung von Schäden, auch Alt- und desinfizierte Schäden
Teilanalyse KBE	nein	ja	nein	nein	eingeschränkt	nein	nur bei aktiven Schäden zu empfehlen, wenn Zusammensetzung der Mikroflora wichtig ist
Teilanalyse GZ/BA	ja	nein	nein	nein	ja	ja	zur Bestimmung der mikrobiologischen Gesamtbelastung
Klebefilmkontaktprobe	nein	nein	nein	nein	ja	ja	Kontrolle von glatten Oberflächen, *Stachybotrys*-Schnelltest, Sanierungskontrolle, Schadensausbreitung
Luftmessung Partikel und KBE	ja	ja	nein	nein	sehr eingeschränkt	nein	Sanierungskontrolle, Lokalisierung von Schäden nur bedingt möglich, Kontrollmessung notwendig
Luftmessung Partikel	ja	nein	nein	nein	sehr eingeschränkt	nein	Sanierungskontrolle, Lokalisierung von Schäden nur bedingt möglich, Kontrollmessung notwendig
Luftmessung KBE	nein	ja	nein	nein	nein	nein	nach Fogging nicht zu empfehlen, Sanierungskontrolle eingeschränkt möglich, Kontrollmessung notwendig

Abb. 3.3: Mischprobe in einem Gefrierbeutel

3.4 Materialproben

3.4.1 Vorüberlegungen

Möglichst keine Mischproben

Materialproben bieten die meisten Informationen, müssen aber sehr gezielt entnommen werden. Zum Beispiel ist eine häufige Fragestellung, ob der Putz hinter einer sichtbar verschimmelten Tapete auch kontaminiert ist oder nicht. Um diese Frage zu klären, muss der Putz untersucht werden. Häufig werden aber Tapete und Putz zusammen verpackt und in das Labor gesendet. Durch diesen gemeinsamen Versand in das Labor kontaminiert die Tapete den Putz und das Material ist für die Fragestellung nicht mehr brauchbar. Denn selbst, wenn nur der Putz untersucht wird, ist im Nachhinein nicht mehr festzustellen, ob die nachgewiesenen Schimmelpilze bereits im Putz waren oder ob es sich um eine Kontamination von der Tapete handelt. Dieses Beispiel macht deutlich, dass die Entnahme eine wichtige Rolle bei der Beantwortung der Fragestellung spielt. Grundsätzlich kann bei Mischproben keine Aussage darüber getroffen werden, aus welchem Material die nachgewiesenen Mikroorganismen stammen (Abb. 3.3). Deshalb sind Mischproben nur selten sinnvoll.

Praxistipp

Mischproben sind Proben, bei denen entweder gleiche Materialien von verschiedenen Entnahmeorten oder verschiedene Materialien des gleichen Entnahmeortes zu einer Probe zusammengefügt wurden. Dieses Vorgehen wird in der Praxis häufig angewendet, ist aber selten sinnvoll.

3.4.2 Grundregeln der Entnahme

Wenn die Probenentnahmeorte festgelegt wurden, müssen einige wichtige Grundregeln bei der Entnahme beachtet werden. Zunächst muss geklärt werden, wer die Proben entnimmt und wer das betroffene Bauteil dafür öffnet, wenn dies erforderlich ist. Dafür ist dann wichtig, dass:

- derjenige, der die Probe entnimmt, die fachliche Kompetenz dazu hat oder er, falls das nicht der Fall sein sollte, von einer fachkundigen Person angeleitet und kontrolliert wird,
- derjenige, der die Öffnung vornimmt, dazu berechtigt ist,
- der Eigentümer der „Zerstörung“ zustimmt und
- ein Versicherungsschutz vorliegt, falls z. B. eine Strom- oder Wasserleitung im Zuge der Entnahme beschädigt wird.

Werkzeug

Das ausgewählte Material muss mit einem sehr sauberen, besser noch mit einem sterilen Werkzeug entnommen werden. Dies bedeutet, dass das Entnahmegerät vor jeder Probenentnahme gereinigt und desinfiziert werden muss. Das Desinfektionsmittel sollte einwirken und mit einem sauberen Tuch abgewischt werden, um den Schmutz und ggf. die Mikroorganismen zu entfernen. Dieser Vorgang entspricht der Reinigung glatter Oberflächen und soll verhindern, dass die Mikroorganismen von einem Probenentnahmepunkt zum nächsten übertragen werden. Bei einigen Materialien kann ein steriles Einmalskalpell (Abb. 3.4) eingesetzt werden, wodurch die Reinigung entfällt. Wichtig ist dabei allerdings, dass das Skalpell auch nur einmal angewendet wird. Bohrkronen, Schraubenzieher, Messer o. Ä. müssen vor dem Einsatz immer intensiv gereinigt werden.

Einmalhandschuhe

Bei der Probenentnahme sollten saubere Einmalhandschuhe (Abb. 3.5) getragen werden, die für die folgenden Entnahmen auszutauschen sind, wenn sie mit den Proben oder Schmutz in Kontakt kommen.

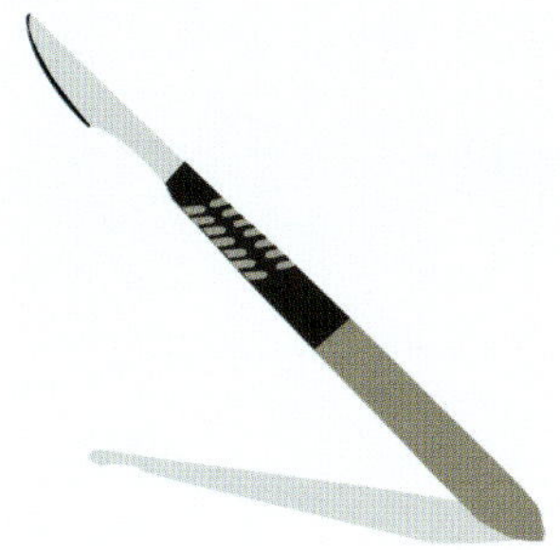

Abb. 3.4: Einmalskalpell zur Entnahme einer Materialprobe

Abb. 3.5: Einmalhandschuhe

Verpackung

Jede entnommene Probe muss einzeln verpackt und nummeriert werden. Als Verpackung kann haushaltsübliche Alufolie verwendet werden. Die damit umwickelte Probe sollte dann in einem Gefrierbeutel verstaut und beschriftet werden. Die Probennummer sollte sowohl auf der Alufolie als auch auf dem Beutel notiert werden, damit die Probe auch dann noch zugeordnet werden kann, wenn sie beim Versand aus dem Beutel fallen sollte.

Praxistipp

Alles sollte so beschriftet sein, dass man später nachvollziehen kann, wo welche Probe entnommen wurde. Es empfiehlt sich, die Entnahmeorte mit den dazugehörigen Probennummern in einen Grundriss oder eine Skizze einzuzeichnen.

Versand

Die Proben müssen möglichst schnell in ein Labor übersandt werden. Im Sommer sollte man die Proben vor einem Wochenende oder Feiertag kühl lagern und erst abschicken, wenn ein schneller Versand gewährleistet werden kann. Bei Zimmertemperatur vermehren sich sonst die Mikroorganismen und können bei verzögerter Analytik zu falschen Ergebnissen führen.

Materialproben können aufgrund der gezielten Probenentnahme viele Informationen liefern, dafür muss das Labor jedoch ggf. auch wissen, welche Fragestellung mit der Probe verbunden ist. Wenn eine bestimmte Seite eines Materials untersucht werden soll, ist diese für das Labor zu markieren. Es ist immer hilfreich für das Labor, wenn auf dem Auftrag notiert wird, was genau untersucht

Analysebestellung Materialproben

Tag der Probennahme

Probe entnommen in/bei

Probenehmer

Der Besteller ermächtigt uns, Hern/Frau über die Untersuchungsergebnisse in Kenntnis zu setzen.

Mit meiner Unterschrift akzeptiere ich, dass der Probenehmer/Besteller für die Probenahme und für die Handhabung der Proben verantwortlich ist, bis diese im Labor eingetroffen sind. Hiermit beauftrage ich das Labor XYZ zu unten beschriebenen Analyse(n). Telefonische Absprachen bzw. Änderungen werden akzeptiert.

Datum und Unterschrift Auftraggeber

Ergebnis an

Unternehmen

z. Hd.

Straße, Hausnr.

PLZ Ort

Telefon Telefax

Rechnung an ☐ wie Ergebnisadresse oder

Unternehmen

z. Hd.

Straße, Hausnr.

PLZ Ort

Telefon Telefax

Probe-Nr.	Material	Raum der Probenahme	Anmerkungen

Abb. 3.6: Beispiel eines Auftragsformulars

werden soll. Grundsätzlich sollte auf dem Auftrag an das Labor die Probenbezeichnung und die gewünschte Analytik notiert werden (Abb. 3.6). Das Labor hilft bei Unsicherheiten, um die richtige Analysemethode auszuwählen.

3.5 Luftproben

3.5.1 Vorüberlegungen

Arbeitsschutz

Wie bereits in Kap. 2.5.2 beschrieben, unterscheidet man bei Luftproben zwischen Schadenslokalisierung und Sanierungskontrolle. Im Rahmen des Arbeitsschutzes können Luftmessungen auch durchgeführt werden, um die Raumluftqualität aus Sicht der Arbeitssicherheit zu beurteilen. In so einem Fall kann der Raum während der Messung weiter genutzt werden, um ein Abbild der Wirklichkeit zu erhalten. So spielen die Kinder in einer Kindertagesstätte im Raum der Messung oder in einem Büro geht während der Messung der normale Büroalltag weiter.

Einflussfaktoren

Auch bei Luftmessungen hat die Probenentnahme einen sehr großen Einfluss auf das Ergebnis der Analytik. Bereits durch eine sehr geringe Luftbewegung werden Mikroorganismen aufgewirbelt und es können Partikel und Mikroorganismen in die Probe gelangen, die ansonsten dort nicht angekommen wären. Dies muss nicht immer schlecht sein, nur muss diese Mobilisierung gezielt und kontrolliert eingesetzt werden. Wenn sich ein Probenentnehmer im Raum der Messung aufhält und sich bewegt, ist dies nicht gezielt und nicht kontrolliert. Diese unkontrollierten Einflussfaktoren haben bei einer Kurzzeitmessung (Impaktionsverfahren) eine sehr viel stärkere Bedeutung als bei einer Langzeitmessung (Filtrationsverfahren). Viele Faktoren lassen sich nicht oder nur schwer abstellen, jedoch sollte alles notiert werden und in die Beurteilung von Luftproben einfließen. Bei Langzeitmessungen hat es sich bewährt, die Räume, in denen die Messungen durchgeführt werden, für die Bewohner zu sperren, um eine Manipulation zu verhindern.

3.5.2 Grundregeln der Entnahme

Bei der Entnahme von Luftproben ist zwischen den einzelnen Verfahren zu unterscheiden (Kap. 2.5). Folgende Hinweise sind aber bei jeder Luftmessung zu beachten, unabhängig davon, mit welcher Methode und für welchen Zweck sie durchgeführt wird:

- Messung in Raummitte in ca. 1,5 m Höhe
- Kontrollmessung von Außenluft ist erforderlich, möglichst zeitnah
- Besonderheiten der Umgebung für die Bewertung notieren

Hinweis

Während oder kurz nach einem Regen sind keine Außenmessungen möglich!

3.5.2.1 Impaktionsverfahren

Unabhängig vom Einsatzzweck wird eine Messung mit dem Impaktionsverfahren wie folgt ausgeführt:

- Die Probenentnahmepunkte werden festgelegt.
- Bei der Probenentnahme sollten Handschuhe getragen werden.
- Die Pumpe wird – inklusive der verschiedenen Aufsätze – gereinigt und desinfiziert. Während der Messungen an einem Probenentnahmepunkt muss das Gerät nicht desinfiziert werden, erst wieder bei der nächsten Probe.
- Das Desinfektionsmittel muss vor der Messung komplett getrocknet sein.
- Das Nährmedium bzw. der Objektträger (je nach Messung) werden eingelegt und der entsprechende Sammelkopf aufgesetzt.
- Das Probenentnahmevolumen und der Durchfluss werden ausgewählt und die Messung gestartet.
- Pro Entnahmepunkt werden ausgewählte Nährmedien und Objektträger mit den notwendigen Luftvolumina beprobt.

Versandzeit beachten

Nach der Messung werden die Proben beschriftet, verschlossen und mit einem Auftrag an das Labor übersendet. Wie bei den Materialproben ist die Versandzeit zu beachten, da die KBE auf den Nährmedien schon während des Postweges wachsen.

Standardvolumen

Standardvolumen bei der Impaktion sind für die KBE 100 Liter und bei den Objektträgern 200 Liter. Wenn eine hohe Partikel- bzw. KBE-Zahl zu erwarten ist, sollten für die Nährmedien weitere 50 Liter und bei den Partikeln 100 Liter gezogen werden. Wenn eine Überbelegung des Sammelmediums vorliegt, ist eine nachträgliche Verdünnung nicht mehr möglich (Kap. 2.5.1.2). Aus diesem Grund wird empfohlen, die Doppelmessungen mit verschiedenen Luftvolumen standardmäßig durchzuführen.

Hinweis

Bei dieser Methode handelt es sich um eine Kurzzeitmessung. Störfaktoren können bei einer Messung von kurzer Dauer die Messergebnisse stark beeinflussen.

3.5.2.2 Filtration

Laufzeit zur Berechnung des Probevolumens

Bei der Filtration wird eine Luftpumpe mit einer sterilen Filterkassette eingesetzt. Die Pumpe wird aufgebaut und die Kassette aufgesetzt und geöffnet. Die Pumpe wird angestellt und läuft eigenständig mit einem Luftstrom von 2 l/min 2 bis 4 Stunden. Danach wird die Pumpe abgestellt, die Laufzeit vom Display notiert und die Probe beschriftet. Die Laufzeit ist wichtig, um das Probevolumen zu berechnen. Beim Auf- und Abbau sollten Handschuhe getragen und die Verschlusskappen während der Probenentnahme in einem sauberen Beutel aufbewahrt werden. Anschließend wird die Filterkassette mit einem Auftrag ins Labor geschickt. Auf dem Auftrag muss das Probevolumen in Liter oder die Laufzeit notiert sein.

3.6 Staubproben

Die verschiedenen, sehr umfangreichen Techniken der Staubprobenentnahme werden ausführlich in der VDI 4300 Blatt 10 (2008) beschrieben. Unabhängig von den verschiedenen Methoden der Staubentnahme ist zu beachten, dass der Staub ein Abbild der Zeit ist. Wie in Kap. 2.6 beschrieben, wird bei Staubproben hauptsächlich nach Indikatororganismen gesucht, die einen Hinweis auf einen mikrobiellen Schaden geben können. Um ein möglichst gutes Analyseergebnis bei Staubproben zu erhalten, sollte beachtet werden, dass:

- die Größe der beprobten Fläche bekannt ist,
- der Zeitraum bekannt ist, in dem sich der Staub auf der Fläche gesammelt hat und
- weder der Sammelbehälter noch der Staubsaugerbeutel kontaminiert sind.

Nur Schadenshinweise

Staub kann mit normalen Staubsaugerbeuteln, aber auch mit Filterkassetten gesammelt werden. Für die Entnahmestrategie ist es wichtig, dass Staubproben nicht als alleinige Proben entnommen werden, da sie nur Hinweise auf einen Schaden geben können. Wenn die Staubproben einen Verdacht auf einen Schimmelpilzschaden bestätigen, beginnt der Prozess der Schadenssuche.

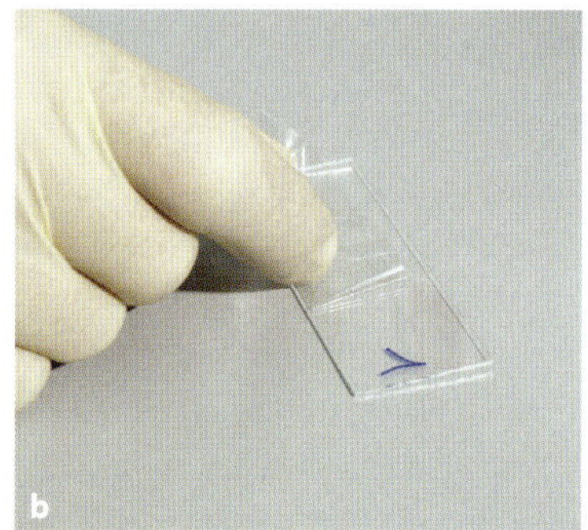

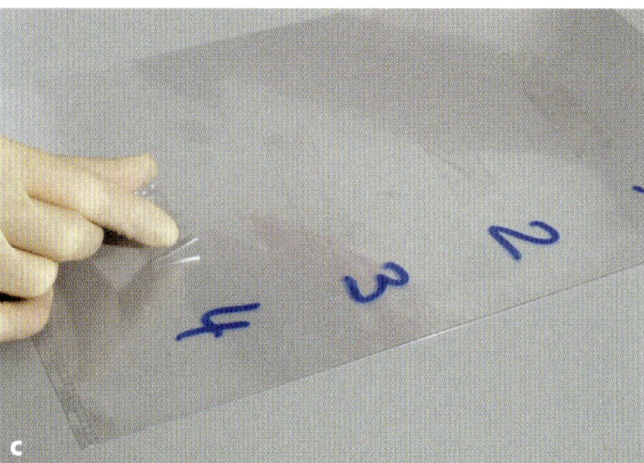

Abb. 3.7: Entnahme einer Klebefilmkontaktprobe. Der Klebefilm wird einmal auf die entsprechende Stelle gedrückt (a) und anschließend auf einen Objektträger (b) oder auf eine Folie (c) aufgeklebt.

3.7 Klebefilm-/Oberflächenkontaktproben

Einmalabdruck

Bei Klebefilmkontaktproben wird handelsüblicher, durchsichtiger Klebefilm verwendet, der bestenfalls keine Zusatzeigenschaften (z. B. kristallklar) haben sollte. Dieser Klebefilm wird auf eine glatte Oberfläche gedrückt, wieder abgezogen und auf einen Objektträger oder einer Folie befestigt (Abb. 3.7). Die Klebefläche sollte dabei möglichst nicht mit den Fingern berührt werden und das Tragen von Handschuhen wird empfohlen. Wichtig ist, dass der Klebefilm nur einmal auf die Oberfläche gedrückt wird, um die Beurteilung nicht zu beeinflussen.

Die Proben werden nummeriert, wobei darauf zu achten ist, dass die Fläche, die ausgewertet werden soll, nicht beschrieben wird. Anschließend werden die Proben mit einem Auftrag an das Labor geschickt.

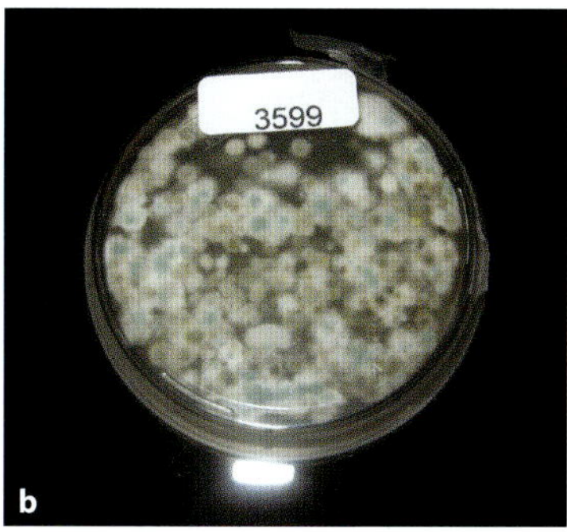

a b

Abb. 3.8: Petrischale für eine Abklatschprobe vor der Entnahme (a) und nach der Auswertung (b)

3.8 Abklatschproben

Abklatschproben (Abb. 3.8) werden mit speziellen, gewölbten Petrischalen entnommen, die mit einem Nährmedium gefüllt sind. Die Petrischalen sollten erst unmittelbar vor der Entnahme geöffnet und zügig auf die Oberfläche gedrückt werden. Anschließend sollten die Schalen schnell verschlossen und verklebt werden. Der Deckel darf während des Versands nicht von der Petrischale fallen. Da sich der Deckel lösen kann, werden die Platten von unten beschriftet, um eine Verwechslung auszuschließen.

Da die Abklatschplatten schnell überwachsen (Kap. 2.7.1), müssen die Proben schnellstmöglich mit einem Auftrag an das Labor geschickt werden.

3.9 MVOC

Die MVOC-Messung ist eine chemische Analyse auf Stoffwechselprodukte, die von Mikroorganismen abgegeben werden. Mit einer Luftpumpe wird ein kontrolliertes Luftvolumen durch ein Sammelmedium, z. B. Anasorb-Röhrchen, gezogen. Sammelmedium und Pumpen können häufig beim Labor geliehen werden. MVOC werden teilweise auch von anderen Lebewesen abgegeben und um genaue Messergebnisse zu erhalten, sollte man rund um die Probenentnahme dringend darauf achten, dass:

- Pflanzen und Tiere vorher aus dem Raum entfernt werden,
- der Raum gut gelüftet wird,

- das Zimmer nach dem Lüften mindestens 6 Stunden verschlossen gehalten und nicht betreten wird,
- die Pumpe in der Raummitte in ca. 1,5 m Höhe aufgestellt, das Sammelmedium angebracht, die Pumpe angestellt und der Raum verlassen wird,
- während der Messung in angrenzenden Räumen nicht gebacken oder gekocht wird,
- in der Umgebung des Raums nicht geraucht wird, weil Zigarettenrauch das Ergebnis verfälschen kann,
- die Laufzeit bei einem Durchfluss von 0,5 l/min 3 bis 4 Stunden beträgt und
- die genaue Laufzeit und der Durchfluss unbedingt auf dem Auftrag notiert werden, um das Volumen berechnen zu können.

Menschen können, wenn sie sich im Raum der Messung aufhalten, das Ergebnis der Messung negativ beeinflussen. Einerseits können sie selbst relevante Stoffe abgeben, sodass die erhaltenen Messwerte zu hoch liegen, andererseits können sie Luftbewegungen hervorrufen und damit die Konzentration der zu messenden Stoffe verringern. Aus diesem Grund ist die Messung mit Handpumpen sehr kritisch zu sehen. Bei diesem Verfahren betätigt der Probenentnehmer eine Pumpe, um die Luft durch das Sammelmedium zu ziehen.

3.10 Häufige Fragen zur Probenentnahme

Warum müssen alle Proben getrennt voneinander verpackt werden?

Wenn Proben zusammen verpackt werden, können die Mikroorganismen einer Probe die anderen Proben kontaminieren. Nach einer Analyse kann dann nicht mehr festgestellt werden, woher die Mikroorganismen ursprünglich stammen.

Warum ist die Beschriftung der Proben so wichtig?

Insbesondere, wenn mehrere Proben in einem Objekt entnommen werden, ist eine eindeutige Beschriftung notwendig, um die Ergebnisse den Probenentnahmeorten zuordnen zu können.

Warum müssen Werkzeuge nach jeder Probenentnahme gesäubert werden?

Wenn Werkzeuge bei einer Probenentnahme mit Schimmelpilzen und Bakterien in Kontakt kommen, haften diese auch an den Werkzeugen. Werden diese noch mal eingesetzt, können die Mikroorganismen die nächsten Proben kontaminieren.

Wenn eine Desinfektion keine Dekontamination ist, warum sollen die Werkzeuge dann desinfiziert werden?

Das Desinfektionsmittel inaktiviert die Mikroorganismen. Zusätzlich werden die Werkzeuge abgewischt und dadurch die Verschmutzungen mit Schimmelpilzen und Bakterien entfernt.

Wie wird entschieden, wie viele Proben genommen werden sollen?

Es gibt keinen Richtwert, wann wie viele Proben entnommen werden müssen. Eine Rolle spielt das Budget, das meistens die Anzahl an Proben limitiert. In so einem Fall müssen die Proben besonders gezielt entnommen werden, um die notwendigen Informationen zu erhalten. Dabei können Vergleichsproben helfen. Fußböden können diagonal im Raum beprobt werden, um ein möglichst gutes Abbild der Verteilung zu erhalten. Bei jeder Beprobung muss die Fragestellung im Mittelpunkt stehen.

Warum müssen bei der Probenentnahme Handschuhe getragen werden?

Die Handschuhe erfüllen 2 Aufgaben. Zum einen schützen sie den Probenentnehmer vor Erregern, die ggf. Infektionen hervorrufen können. Zum anderen werden die Handschuhe nach einer Probenentnahme gewechselt werden, womit die Kontamination weiterer Proben verhindert wird.

Warum ist bei einer Probenentnahme der Atemschutz wichtig?

Durch die Entnahme werden die vorhandenen Mikroorganismen aufgewirbelt. Durch die Aufwirbelung befinden sich sehr viel mehr Mikroorganismen in der Luft als im Ruhezustand. Wenn man sehr viele Partikel einatmet, kann das Immunsystem reagieren und es können z. B. Fieber und Schüttelfrost auftreten.

Was bedeutet Umgebungsschutz bei der Probenentnahme?

Sanierer müssen bei ihrer Arbeit den Umgebungsschutz gewährleisten, damit angrenzende Räume nicht kontaminiert werden. Dies muss auch bei der Probenentnahme beachtet werden. Im Sanierungsbereich wird zwischen Weiß-, Grau- und Schwarzbereichen unterschieden:

- Der Weißbereich ist der saubere Bereich, der an den Sanierungsbereich angrenzt.
- Wenn Schleusen als Übergangszonen aufgebaut sind, sind sie der Graubereich.
- Der Sanierungsbereich selbst wird Schwarzbereich genannt.

Diese Zonen dienen den Umgebungs- und Arbeitsschutz und müssen auch bei der Probenentnahme beachtet werden.

Dürfen bei einer Luftmessung mit der Impaktionsmethode Personen mit im Raum sein?

Personen im Raum verursachen Luftbewegungen, was die Luftmessung beeinflussen kann. Dies kann jedoch durchaus gewollt sein und als Nutzungssimulation beurteilt werden.

Warum darf der Klebefilm bei der Oberflächenkontaktprobe nur einmal die Oberfläche berühren?

Die Schimmelpilzsporen und Myzelien werden pro cm^2 ausgezählt und beurteilt. Um die Vergleichbarkeit und die sinnvolle Beurteilung zu gewährleisten, muss die Probenentnahme immer identisch sein. Wenn der Klebefilmstreifen mehrfach aufgedrückt wird, sind ggf. viel mehr Zellen auf dem Klebestreifen und verfälschen das Ergebnis.

Wie lang muss der Klebefilm bei der Oberflächenkontaktprobe sein?

Die Klebefilmstreifen werden auf einen Objektträger geklebt. Aus diesem Grund können nur maximal ca. 76 mm betrachtet werden.

Wie wird der Klebefilm am besten verpackt?

Wenn die Proben auf einer Folie aufgeklebt sind, ist ein Versand im Briefumschlag unbedenklich. Wenn die Streifen bereits auf einen Objektträger aufgebracht sind, sollten diese gut verpackt werden, weil sie sonst leicht in der Post zerbrechen können.

Welche Angaben muss ein Auftrag für das Labor enthalten?

Neben dem Auftraggeber sollten noch die Rechnungsadresse, die Probenbezeichnung und das gewünschte Analyseverfahren notiert sein. Für einen gültigen Auftrag muss dieser unterschrieben sein. Zusätzlich können Informationen zur Probe, was genau analysiert werden soll, Objektangaben und das Probenentnahmedatum vermerkt werden. Auf dem Auftrag kann auch um Rückruf vor Analytik gebeten werden, um die Analyseart mit dem Labor zu besprechen.

Müssen die Proben per Express geschickt werden?

Nur wenn sehr schnelle Analysen gewünscht sind oder extreme Wetterbedingungen vorherrschen, sollte ein möglichst schneller Versand gewählt werden.

Entnimmt das Labor auch Proben?

Viele Labore bieten diesen Service an. Dies hat den Vorteil, dass die Proben mit viel Sachverstand entnommen werden und ein Versand entfällt. Allerdings führt dieser Service zu weiteren Kosten.

Welchen Einfluss hat die Analytikdauer auf den Probenentnahmeplan?

Wenn sehr kurzfristige Ergebnisse notwendig sind, müssen entsprechende Analysemethoden ausgewählt werden. Wichtig ist, dass nicht die Zeit der wichtigste Faktor bleibt, sondern dass man die notwendigen Informationen nicht aus dem Blick verliert. Wenn schnelle Vorabergebnisse notwendig sind, können z. B. die Ergebnisse der Gesamtzellzahl vorab übermittelt werden. Damit sind erste Sofortmaßnahmen möglich, die dann, wenn die vollständigen Ergebnisse vorliegen, mit weiteren oder endgültigen Maßnahmen ergänzt werden.

Beeinflusst das Material einer Probe die Wahl der Analytik?

Nicht jedes Material ist für jede Analytik geeignet. So können Oberflächenkontaktproben nur von glatten Oberflächen entnommen werden. Materialen können eigentlich alle mit dem Suspensionsverfahren bearbeitet werden.

Müssen Einmalhandschuhe getragen werden oder reichen Arbeitshandschuhe wie beim Arbeitsschutz?

Die Handschuhe erfüllen nicht nur den Zweck, die Hand zu schützen, sondern auch Kontaminationen durch Verschmutzung zu verhindern. Aus diesem Grund sind Einmalhandschuhe zu empfehlen.

Wie werden Schutzanzüge, Handschuhe, Skalpelle nach der Probenentnahme entsorgt?

Alle diese Gegenstände können nach der Entnahme im normalen Hausmüll entsorgt werden. Bei scharfen Gegenständen wie Skalpellen sollte die Schutzkappe auf die Klinge gesetzt werden, um Verletzungen zu verhindern.

Müssen Kleidung und Schuhe nach der Probenentnahme gereinigt werden?

Die Kleidung sollte mit einem Schutzanzug geschützt werden, der anschließend entsorgt wird. Schuhe sollten nach der Probenentnahme gereinigt werden, um die Mikroorganismen nicht zu verschleppen.

Kann man durch Probenentnahmen krank werden?

Mikroorganismen können Gesundheitsstörungen hervorrufen, dies gilt auch für die Probenentnahme. Daher sollte bei der Probenentnahme aus vorbeugendem Gesundheitsschutz eine Atemschutzmaske getragen werden.

Können Privatpersonen Proben selbst entnehmen?

Mit genauer Anleitung können auch Laien Proben entnehmen und in ein Labor senden. Jedoch sollten diese Personen über die Gefahren und die Schutzmaßnahmen informiert sein.

Woran erkenne ich sichtbaren Schimmelpilzbewuchs?

Sichtbarer Schimmelpilzbewuchs ist ein flächiger, farbiger, manchmal auch pelziger Belag. Wenn der Schimmelpilz noch nicht flächig wächst, können auch kleine Punkte sichtbar sein, die auch Stockflecken genannt werden. Um welchen Schimmelpilz es sich handelt, kann anhand von Farbe und Wachstum nicht festgestellt werden, dafür wird eine Analytik benötigt.

Warum muss bei der MVOC-Messung keine Außenluftmessung vorgenommen werden?

Die Natur ist ein funktionierendes Ökosystem, in dem die meisten Stoffe, die produziert, auch wieder verbraucht oder gefiltert werden. Dies ist auch bei den MVOCs so, die in der Natur gebildet werden. Aus diesem Grund beeinflusst die Außenluft nicht die Innenluft und daher ist keine Kontrollmessung notwendig. Im Innenraum befindet sich kein funktionierendes Ökosystem und die MVOCs reichern sich in der Raumluft und in den porösen Materialien an und können daher gemessen werden.

4 Praxisbeispiele

Um die Theorie der vorangegangenen Kapitel zu verdeutlichen, werden in diesem Kapitel Praxisbeispiele dargestellt. Die einzelnen Beispiele beschreiben spezifische Situationen in Innenräumen mit einem Schimmelpilzschaden und einer gezielten Fragestellung. Bezugnehmend auf diese Situationen werden die Probenentnahme, die Auswahl der Analytik und die Auswertung der Ergebnisse dargestellt. Wenn Sanierungskonzepte beschrieben werden, verfolgen diese immer das Ziel der Dekontamination (Entfernung) und nicht der Desinfektion der mikrobiellen Kontamination gemäß der Handlungsempfehlung des Umweltbundesamtes. Bautechnische, bauphysikalische und juristische Details werden teilweise genannt, aber nicht näher beschrieben. Dieses Kapitel soll die mikrobiologischen Aspekte eines Feuchteschadens erläutern und aufzeigen, wie die Analytik bei einem Schimmelpilzschaden eingesetzt werden kann.

4.1 Sichtbare Schimmelpilze – Schadensausmaß

4.1.1 Fragestellung: Schimmel an einer Innenwand – Schadensausmaß

Bei der Begehung der Räumlichkeiten wurde ein Schimmelpilzwachstum an einer Innenwand im Flur entdeckt (Abb. 4.1). Hinter der Wand lag ein Badezimmer. Es zeigte sich in der Duschwanne eine geschädigte Silikonfuge (Abb. 4.2). Für die Planung der Sanierung sollte das Schadensausmaß und somit der Sanierungsbereich festgelegt werden.

Abb. 4.1: Schimmelpilzwachstum im Flur

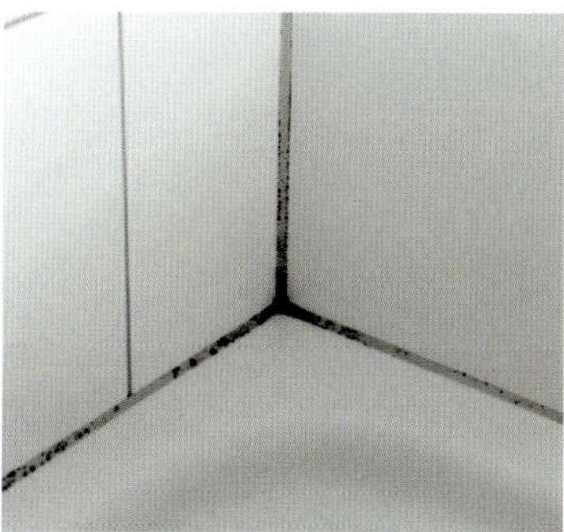

Abb. 4.2: Geschädigte Silikonfuge

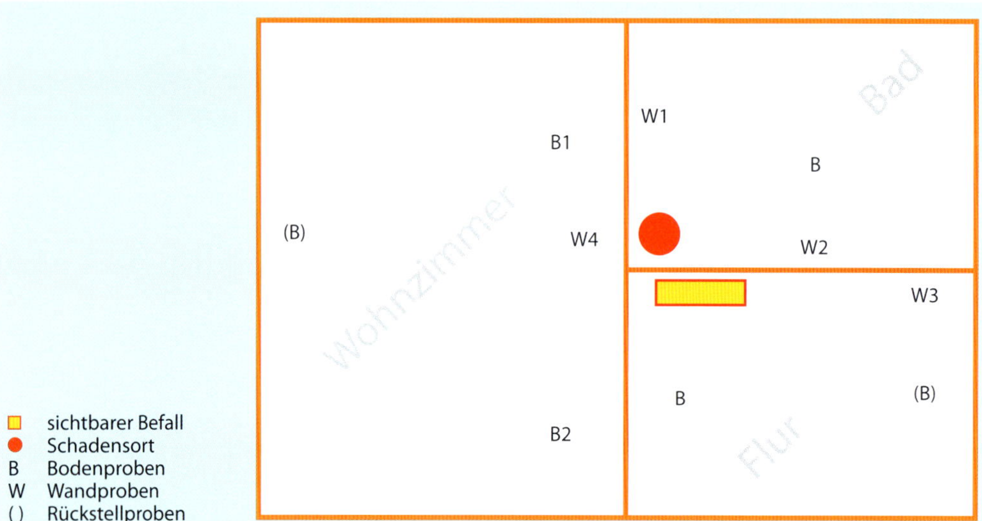

Abb. 4.3: Probenentnahmeorte

4.1.2 Probenentnahme

Hinweis

Bei der Planung der Probenentnahme die Fragestellung berücksichtigen!

Materialproben

Mithilfe der entnommenen Proben sollte die Frage nach dem Schadensausmaß beantwortet werden. Aus diesem Grund wurde festgelegt, in allen Räumen die Estrichdämmschicht und die betroffenen Wände inklusive Dämmung mit Materialproben zu untersuchen (Abb. 4.3). Materialproben liefern dazu am meisten Informationen und können auf unterschiedlichste Weise untersucht werden. Um das Schadensausmaß festzulegen, mussten die Bauteile geöffnet werden, um so die Materialien leicht entnehmen zu können. Rückstellproben wurden ebenfalls entnommen, aber zunächst nicht analysiert. Auf sie hätte man ohne Kosten und Aufwand für einen weiteren Ortstermin zurückgreifen können, wenn die Informationen aus den analysierten Proben unzureichend geblieben wären.

Abb. 4.4: Bodenprobe aus dem Bad (Styropor als Estrichdämmmaterial) mit der Markierung der zu untersuchenden Seite (a) und in vollständiger Verpackung (b)

4.1.2.1 Bodenproben

Estrichdämmschicht

Das Wasser konnte sich unterhalb des Estrichs ausbreiten und mikrobielles Wachstum erzeugen. Um das Schadensausmaß beurteilen zu können, wurden Proben aus der Estrichdämmschicht für die Analytik entnommen (Abb. 4.4). Der Estrich selbst ist alkalisch, sodass dort nur wenig mikrobielles Wachstum stattfindet und er daher nicht untersucht werden musste. Es wurden Proben aus dem Schadensraum (Bad) sowie aus den angrenzen Räumen, in diesem Fall Flur und Wohnzimmer entnommen, um den Schadensbereich einzugrenzen. Im Wohnraum wurde in Höhe des Bades und des Flurs beprobt. Zusätzlich wurden Rückstellproben im Wohnzimmer und im Flur entnommen, die möglichst weit vom Schadensereignis entfernt lagen. Hätten die Analyseergebnisse der ersten Proben nicht genügend Informationen für ein Sanierungskonzept geliefert, stünden diese Materialien noch zur Verfügung und könnten ggf. eine Entscheidung herbeiführen.

> **Hinweis**
>
> Nur Estrichdämmmaterial eignet sich für die mikrobiologische Analytik.

Abb. 4.5: Wandprobe aus dem Bad mit Material der Gipskartonständerwand (a) und in vollständiger Verpackung (b)

4.1.2.2 Wandproben

Öffnung des Gipskartons

Die Wände waren als Gipskartonständerwände ausgeführt, bestanden also aus Gipskartonplatten und enthielten einen mit Mineralwolle gefüllten Hohlraum. Daher waren zunächst eine Sichtprüfung und eine Feuchtigkeitsmessung sinnvoll. Gipskarton ist nicht sanierbar und verliert seine Materialeigenschaften, wenn er nass geworden ist. Bei messbar feuchten oder sichtbar mikrobiell bewachsenen Gipswänden sind keine Proben notwendig, weil die Wände dann entfernt werden sollten. In diesem Fall lag ein sichtbarer Bewuchs in den untersten 20 cm des Materials vor. Die Proben wurden in ca. 1 m Höhe entnommen um zu überprüfen, ob ein Ausbau bis zu dieser Höhe ausreichte oder mehr Material entfernt werden musste. Der Gipskarton wurde dazu geöffnet und auf der Innenseite beprobt (Abb. 4.5). Die Mineralfaser wurde an den Wandöffnungen zwischen Bad und Flur (W2 in Abb. 4.3) und Bad und Wohnzimmer (W1 in Abb. 4.3) entnommen.

4.1.3 Auswahl der Analytik

4.1.3.1 Bodenproben

Gesamtzellzahl

Bei den Bodenproben empfiehlt sich die Untersuchung der Gesamtzellzahl. Durch diese Analytik kann schnell entschieden werden, ob Schimmelpilze und Bakterien in einer erhöhten Konzentration vorliegen oder ob eine schnelle Trocknung sinnvoll ist. Wählt man in diesem Fall eine Analyse, die 1 bis 2 Wochen dauert, z. B. die KBE, und führt in der Zwischenzeit keine Trocknung durch, kann sich die Konzentration der Mikroorganismen stark erhöhen. Im schlimmsten Fall könnten sich die Schimmelpilze und Bakterien in der Zeit, in der man auf das Ergebnis der Analytik wartet, so stark vermehren, dass man anschließend nur noch den Rückbau empfehlen kann. Wenn also eine Analytik gewählt wird, die länger dauert als 1 bis 2 Tage, sollte eine Trocknung gestartet werden, um die Vermehrung der Mikroorganismen zu verlangsamen.

Hinweis

Gesamtzellzahl – schnelle, mikroskopische Untersuchung, wie viele Mikroorganismen im Material vorhanden sind

4.1.3.2 Wandproben

Klebefilmkontaktproben

Die Gipskartonplatten wurden mit Klebefilmkontaktproben untersucht (Abb. 4.6). Das Ergebnis zeigt an, wie stark die Oberfläche des Materials mit Schimmelpilzen belastet ist. Für die Fragestellung war eine schnelle, mikroskopische Untersuchung ausreichend, um festzulegen, ob das Material ausgebaut werden sollte oder nicht. Die aufwendigere Materialprobe war hier nicht notwendig, weil es genügte, die Kontamination mit Schimmelpilzen auf der Innenseite der Wand nachzuweisen und zusätzlich die Mineralfasern aus dem Hohlraum der Wand zu untersuchen. Außerdem kann der toxische Schimmelpilz *Stachybotrys chartarum*, der bevorzugt auf Gipskarton wächst, auch mit dieser Analysemethode ausgeschlossen werden. Die Information, ob der gesundheitsgefährliche *Stachybotrys chartarum* vorliegt, ist für ein Sanierungskonzept von großer Bedeutung.

Abb. 4.6: Klebefilmkontaktprobe einer Wand

Gesamtzellzahl

Die entnommene Mineralfaser wurde mittels Gesamtzellzahl untersucht, um eine Kontamination auszuschließen. Eine Klebefilmkontaktprobe ist nur von glatten Oberflächen möglich, daher konnte die Mineralwolle nur mit der Gesamtzellzahl untersucht werden.

> **Hinweis**
>
> Klebefilmkontaktproben – mikroskopische Untersuchung von glatten Oberflächen

4.1.4 Auswertung der Proben

4.1.4.1 Bodenproben

Die Bodenproben wurden mittels Gesamtzellzahl untersucht. Im Bad zeigten sich stark erhöhte Werte bei Schimmelpilzen und Bakterien. Im Wohnzimmer waren beide Proben etwas erhöht und im Flur erhöht (Tabelle 4.1).

Tabelle 4.1: Analyseergebnisse Bodenproben (Beurteilung im Vergleich zu Hintergrundwerten, siehe Tabelle 2.3)

Proben	Schimmelpilzbefund	Bakterienbefund
Bad	stark erhöht	stark erhöht
Flur	erhöht	stark erhöht
Wohnzimmer 1	etwas erhöht	normal
Wohnzimmer 2	normal	etwas erhöht
Wohnzimmer Rückstellprobe	normal	normal

Aufgrund dieser Ergebnisse wurde entschieden, nur die Bereiche des Bades und des Flures auszubauen. Die Feuchtigkeitsmesswerte im Wohnzimmer waren unauffällig, daher bestand auch aus dieser Sicht kein Handlungsbedarf.

4.1.4.2 Wandproben

Die Wandproben im Bad ergaben an der Entnahmestelle W1 erhöhte Werte. Außerdem wurde dort *Stachybotrys chartarum* nachgewiesen. Im Bereich W2 im Bad zeigten sich noch erhöhte Werte, aber kein *Stachybotrys chartarum*. Auf der Wohnzimmerseite (Entnahmestelle W4) bestätigte sich die Kontamination beim Gipskarton und in der Mineralwolle. Der sichtbar bewachsene Bereich im Flur wurde nicht beprobt. Die Entnahmestelle W3 zeigte in der Folienkontaktprobe erhöhte Werte und in der Mineralwolle keine Auffälligkeiten (Tabelle 4.2). Die Klebefilmkontaktproben, die zur Kontrolle in 1,5 m Höhe entnommen wurden, bestätigten, dass ein Ausbau in dieser Höhe ausreichend war.

Tabelle 4.2: Analyseergebnisse Wandproben (Beurteilung im Vergleich zu Hintergrundwerten, siehe Tabelle 2.3)

Probe	Beurteilung
Bad (W1) 100 cm, Klebefilmkontaktprobe	erhöht, *Stachybotrys chartarum* positiv
Bad (W1) 150 cm, Klebefilmkontaktprobe	normal
Bad (W1), Mineralwolle (Gesamtzellzahl)	normal
Bad (W2), keine Fliesen, Klebefilmkontaktprobe	erhöht
Flur (W3), Klebefilmkontaktprobe	normal
Flur (W3), Mineralwolle (Gesamtzellzahl)	normal
Flur (W3), Gipskarton-Innenseite 20 cm, Klebefilmkontaktprobe	erhöht
Flur (W3), Gipskarton-Innenseite 100 cm, Klebefilmkontaktprobe	erhöht
Flur (W3), Gipskarton-Innenseite 150 cm, Klebefilmkontaktprobe	normal
Wohnzimmer (W4), Gipskarton-Innenseite, 20 cm, Klebefilmkontaktprobe	erhöht, *Stachybotrys chartarum* positiv
Wohnzimmer (W4), Gipskarton-Innenseite, 150 cm, Klebefilmkontaktprobe	normal

4.1.5 Sanierungsmaßnahmen

Aufgrund der Analyseergebnisse wurde folgendes Sanierungskonzept erstellt:

- Entfernung des Estrichs im Flur und im Bad
- Entfernung der Wand und der Mineralwolle in der Wand zwischen Bad und Wohnzimmer auf beiden Seiten bis zu 1,5 m Höhe
- Entfernung der Wand und der Mineralwolle in der Wand zwischen Bad und Flur bis zu 1,5 m Höhe
- anschließende Feinreinigung und Sanierungskontrolle
- Arbeits- und Umgebungsschutz sind zu beachten

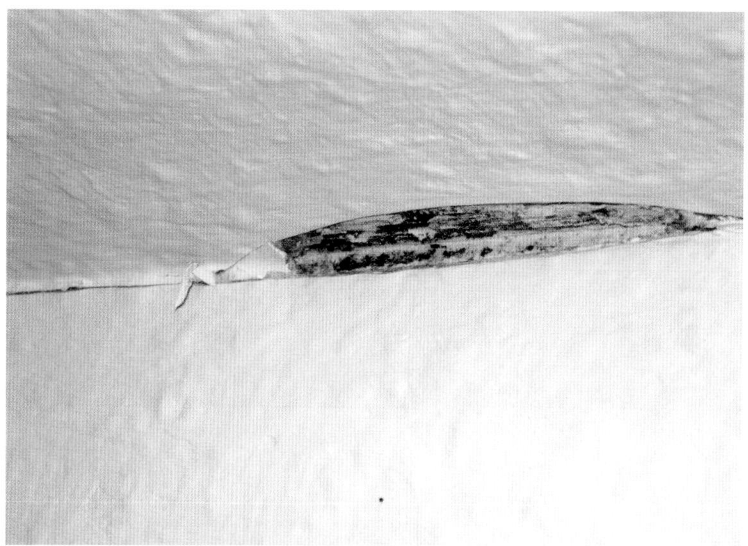

Abb. 4.7: Schimmelpilzschaden an der Küchendecke

4.2 Sichtbarer Schimmelpilzschaden – Altersbestimmung 1

4.2.1 Fragestellung: Ist der Schimmelpilzschaden in der Küche älter als der aktuelle Wasserschaden?

In einem Einfamilienhaus kam es durch einen Wasserschaden zu einem sichtbaren mikrobiellen Bewuchs in einem Badezimmer im ersten Obergeschoss. Die Versicherung hatte den Schaden begutachtet und wollte die fachgerechte Sanierung des Bades bezahlen. Der Eigentümer (und Versicherungsnehmer) des Einfamilienhauses war mit dem Umfang des vorgeschlagenen Sanierungskonzepts jedoch nicht einverstanden, da auch in der im Erdgeschoss liegenden Küche im Wandbereich ein Schimmelpilzschaden vorlag (Abb. 4.7). Der Eigentümer wollte daher auch die Küche saniert haben, da dies ein Folgeschaden des Wasserschadens sei. Der Versicherungsgutachter zweifelte die Aussage des Versicherungsnehmers an und beauftragte die mikrobiologische Altersbestimmung der beiden Schäden.

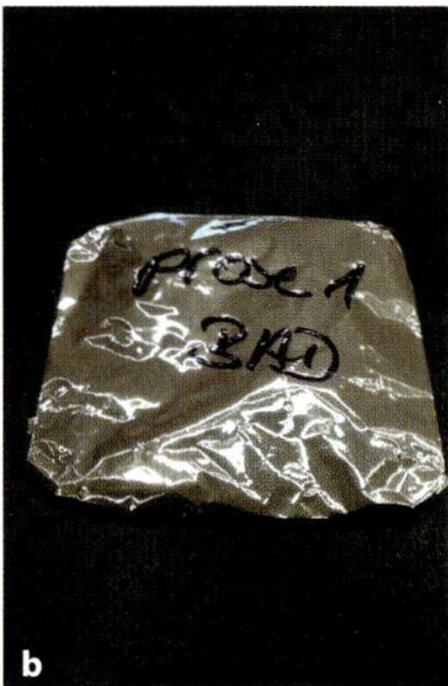

Abb. 4.8: Tapetenprobe aus dem Bad nach der Entnahme (a) und in vollständiger Verpackung (b)

4.2.2 Probenentnahme

Materialproben

Um zu entscheiden, ob der Schaden in der Küche vom Wasserschaden im Badezimmer verursacht wurde, wurden 2 Materialproben entnommen – zum einen die sichtbar bewachsene Tapete im Badezimmer (Abb. 4.8), zum anderen die geschädigte Tapete aus der Küche. Da das Alter des mikrobiellen Bewuchses abgeklärt werden sollte, wurden die Proben direkt aus den geschädigten Bereichen entnommen.

4.2.3 Auswahl der Analytik

GZ, BA und KBE

Um das Alter der Schäden feststellen zu können, mussten beide Proben vollständig, d. h. mit Gesamtzellzahl, biochemischer Aktivität und KBE untersucht werden (Kap. 2). Die Analysedauer betrug aufgrund der KBE-Anzüchtung 7 Tage nach Eingang im Labor.

> **Hinweis**
>
> Eine Altersbestimmung ist nur mit vollständigen Materialproben möglich! Nach einer Trocknung oder Desinfektion kann das Alter eines Schadens nicht mehr bestimmt werden.

4.2.4 Auswertung der Proben

Älterer Schaden in der Küche

Die mikrobiologische Analytik zeigte die in Tabelle 4.3 dargestellten Ergebnisse. Da es sich um Proben aus einem sichtbaren Schimmelpilzbewuchs handelte, waren die stark erhöhten Schimmelpilzkonzentrationen nicht überraschend. Bei sichtbarem Schimmelpilzbewuchs ergibt sich immer eine stark erhöhte Gesamtzellzahl, weil die Konzentration der Schimmelpilze sehr hoch sein muss, damit der Schaden für das menschliche Auge sichtbar wird. Das vom Labor ermittelte Schadensalter zeigte deutlich, dass der Zeitpunkt der Entstehung des Schimmelpilzschadens in der Küche nicht mit dem des Schadens im Badezimmer übereinstimmte, sondern deutlich älter war. Aus diesem Grund lehnte die Versicherungsgesellschaft die Sanierung der Küche ab.

Tabelle 4.3: Analyseergebnisse (Beurteilung im Vergleich zu Hintergrundwerten, siehe Tabelle 2.3)

Probennummer	**Probe 1 (Bad)**	**Probe 2 (Küche)**
Schimmelpilze	stark erhöht	stark erhöht
Bakterien	stark erhöht	stark erhöht
Altersangabe	jünger 3 Monate	ca. 12 Monate

4.3 Sichtbarer Schimmelpilzschaden – Altersbestimmung 2

4.3.1 Fragestellung: War der Schimmel schon vor dem Einzug vorhanden?

In einer Wohnung sind zum 01.07. eines Jahres neue Mieter eingezogen. Die Wohnung wurde frisch renoviert vom Vermieter übergeben. Die Mieter möblierten die Wohnung, wobei keine Möbelstücke vor den Außenwänden standen. Im November zeigte sich an den Außenwänden im Wohnzimmer und im Kinderzimmer Schimmelpilzbewuchs in den Außenecken. Ein Sachverständiger stellte Wärmebrücken in den Außenecken fest. Der Vermieter beschuldigte die Mieter, nicht ausreichend zu heizen und zu lüften. Die Mieter wollten beweisen, dass es schon vor ihrem Einzug Schimmelpilz in den betroffenen Bereichen gegeben hat, um rechtliche Schritte einzuleiten.

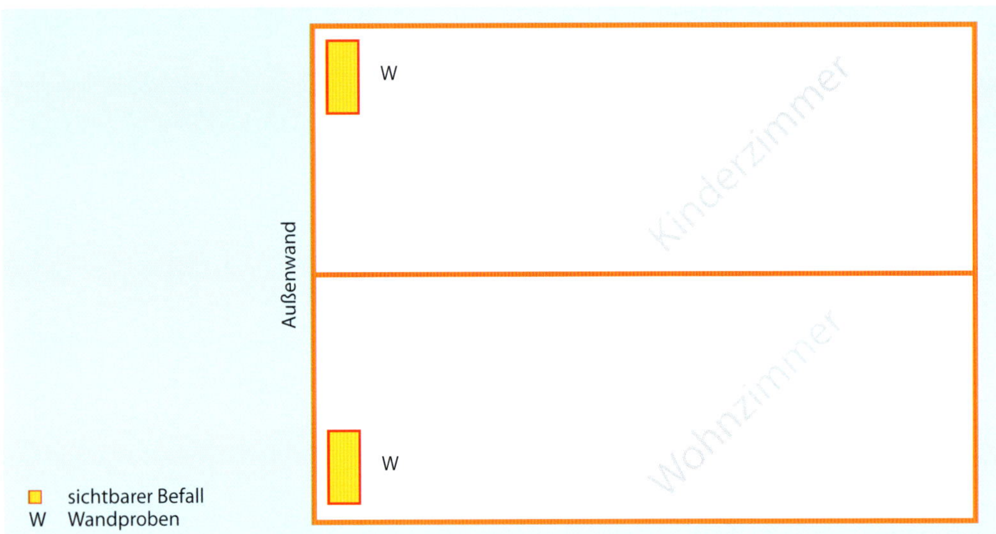

Abb. 4.9: Probenentnahmeorte

4.3.2 Probenentnahme

Materialproben

Um den Verdacht zu bestätigen, dass es schon vor Einzug einen Schimmelpilzschaden gegeben hatte, wurden Proben aus den sichtbar bewachsenen Außenecken der beiden Zimmer entnommen (Abb. 4.9). Die Mieter vermuteten, dass der Vermieter die Wohnung neu tapeziert hatte. Es wurden insgesamt 4 Proben entnommen, aus jedem Zimmer jeweils eine Tapetenprobe und eine Probe vom darunterliegenden Putz (Abb. 4.10). Bei einem Schimmelschaden wird häufig nur die Tapete ausgetauscht und nicht der Putz. In diesem Fall wurden die beiden Materialien getrennt voneinander entnommen, verpackt und an das Labor gesendet.

4.3.3 Auswahl der Analytik

GZ, BA und KBE

Um das Alter der Schäden feststellen zu können, mussten beide Proben vollständig, d. h. mit Gesamtzellzahl, biochemischer Aktivität und KBE untersucht werden (Kap. 2). Die Analysedauer betrug aufgrund der KBE-Anzüchtung 7 Tage nach Eingang im Labor.

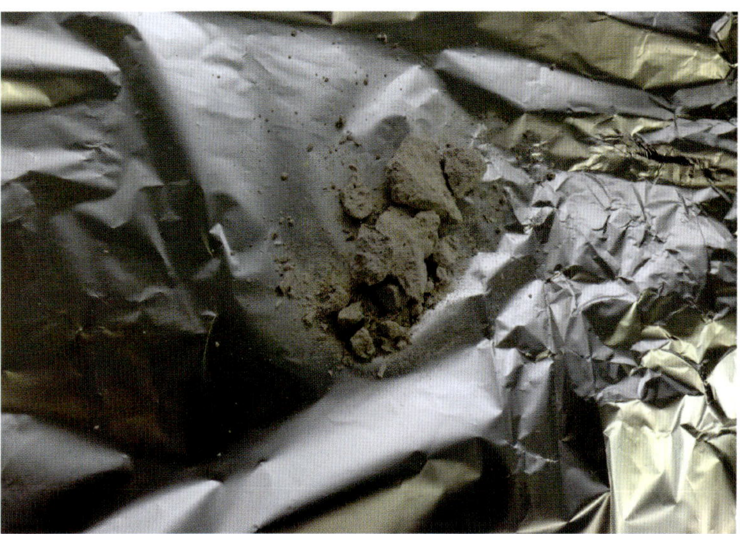

Abb. 4.10: Probe des nicht sichtbar befallenen Putzes

4.3.4 Auswertung der Proben

Periodische Auffeuchtung im Putz

Die Proben zeigten, dass die Tapeten ein anderes Schadensbild aufwiesen als die Putzproben. Im Winterhalbjahr war es durch die kalten Temperaturen über die Wärmebrücken in den Außenecken zu einer Kondenswasserproblematik gekommen. Die erneuerten Tapeten zeigten einen Schimmelpilzschaden, der vor sehr kurzer Zeit zum ersten Mal entstanden war, d. h., bei diesen Tapeten war eine Altersbestimmung des Schimmelpilzschadens möglich. Wenn Materialien aber mehrfach nass werden und wieder abtrocken, kann das Alter des Schadens nicht bestimmt werden. Die Mikroorganismen stoppen Stoffwechsel und Wachstum in jeder Trockenperiode und starten sie wieder, wenn es feuchter wird. Damit kann der Zeitpunkt der ersten Durchfeuchtung nicht mehr festgestellt werden. Dieses Phänomen wird periodische Auffeuchtung genannt. Auch ohne genaue Altersbestimmung lieferte die Analyse der Putzproben aber trotzdem hilfreiche Informationen: Die Mikroorganismen im Putz waren mehrfach Feuchtigkeit ausgesetzt gewesen und daher musste der Schaden in diesem Bereich älter sein als in den Tapeten. Das Feuchtigkeitsproblem musste also bereits vor dem Einzug bestanden haben.

Tabelle 4.4: Analyseergebnisse (Beurteilung im Vergleich zu Hintergrundwerten, siehe Tabelle 2.3)

Proben	mikrobielle Belastung	Altersbestimmung
Probe 1 Kinderzimmer Tapete	stark erhöht	jünger als 3 Monate
Probe 2 Kinderzimmer Putz	erhöht	periodische Auffeuchtung
Probe 3 Wohnzimmer Tapete	stark erhöht	jünger als 3 Monate
Probe 4 Wohnzimmer Putz	erhöht	periodische Auffeuchtung

4.4 Sichtbarer Schimmelpilzschaden – Nutzungsfehler

4.4.1 Fragestellung: Schimmel an einer Außenwand – liegt ein Nutzungsfehler vor?

Mieter einer Wohnung hatten hinter einer Kommode im Schlafzimmer Schimmelpilzbewuchs festgestellt (Abb. 4.12) und die Miete gemindert. Die Kommode stand ohne Abstand vor einer Außenwand. Der Vermieter hatte daraufhin einen Sachverständigen beauftragt. Dieser stellte mit Datenloggern ein geringes Heizverhalten und hohe Luftfeuchtigkeitswerte fest. Ein Bauschaden konnte nicht ermittelt werden. Der Vermieter beauftragte das Labor damit, den Schimmelpilzschaden mikrobiologisch zu untersuchen, um auch so Hinweise auf einen Nutzungsfehler zu erhalten.

4.4.2 Probenentnahme

Materialproben

Aufgabe war es, mit den Proben Hinweise auf einen Nutzungsfehler zu erhalten. Es wurden 3 Materialproben entnommen (Abb. 4.11): die sichtbar geschädigte Tapete, der darunterliegende Putz (Abb. 4.13) und als Referenzprobe ein Stück Tapete von derselben Außenwand, die jedoch keinen sichtbaren Bewuchs zeigte.

Ziel der Proben war es, zu überprüfen, ob der Putz unterhalb der sichtbar verschimmelten Tapete weniger oder mehr belastet war. Die Tapetenprobe mittig aus der Wand sollte zeigen, ob auch andere Bereiche der Wand belastet waren.

Abb. 4.11: Probenentnahmeorte

Abb. 4.12: Schimmelpilzbewuchs an der Stelle, an der die Kommode stand

Abb. 4.13: Probe des Putzes unter der geschädigten Tapete

4.4.3 Auswahl der Analytik

Gesamtzellzahl

Für die Beantwortung der Fragestellung wurden die Konzentrationen der Mikroorganismen in den Proben benötigt. Da die Zusammensetzung der Mikroflora nur bedingt interessant war, wurde zunächst nur die Gesamtzellzahl untersucht. Sobald die ersten Ergebnisse vorlagen, sollte entschieden werden, ob auch noch eine KBE-Untersuchung notwendig war.

4.4.4 Auswertung der Proben

Nutzungsfehler

Die Ergebnisse zeigten, dass die Tapete stark mikrobiell geschädigt war. Der Putz war geringfügig bakteriell belastet. Die Tapete aus dem Referenzbereich war mikrobiologisch unauffällig (Tabelle 4.5). Die bauphysikalischen Untersuchungen hatten keinen Bauschaden nachgewiesen und auch die mikrobiologischen Untersuchungen deuteten auf einen Nutzungsfehler hin. Da die Tapete stärker belastet war als der Putz, kam die Feuchtigkeit vermutlich aus dem Innenraum. Die Referenzprobe war unauffällig und auch messtechnisch konnten an der gesamten Außenwand keine erhöhten Feuchtigkeitswerte festgestellt werden. Aufgrund der bauphysikalischen Untersuchungen und den Ergebnissen der mikrobiologischen Analysen kam der Sachverständige zu dem Schluss, dass ein falsches Nutzungsverhalten vorlag. Die Kommode stand zu nah an der Außenwand, blockierte die Luftzirkulation und führte so zu einem Schimmelpilzbewuchs.

Tabelle 4.5: Analyseergebnisse Gesamtzellzahl (Beurteilung im Vergleich zu Hintergrundwerten, siehe Tabelle 2.3)

Proben	Schimmelpilzbefund	Bakterienbefund
Tapete (sichtbar bewachsen)	stark erhöht	stark erhöht
Putz	normal	etwas erhöht
Tapete Referenz	normal	normal

Abb. 4.14: Schimmelpilzbewuchs nach einem Wasserrohrbruch

4.5 Sichtbare Schimmelpilze – gesundheitliche Einschätzung

4.5.1 Fragestellung: Können die Risikopatienten in der Wohnung bleiben?

In einer Wohnung kam es zu einem Wasserschaden durch einen Wasserrohrbruch und zu einem sichtbaren Schimmelpilzbewuchs (Abb. 4.14). Beim Ortstermin sollte zunächst der Schaden aufgenommen werden. Beim Gespräch mit dem Eigentümer stellte sich heraus, dass dieser vor Kurzem eine neue Lunge erhalten hatte und seine Frau sich in einer Chemotherapie befand. Die Bewohner hatten das Ziel, auch während der Sanierungsarbeiten in den Räumlichkeiten zu bleiben. Der Schadensbereich konnte gut abgegrenzt und abgeschottet werden, sodass Bad, Küche und Wohnzimmer trotz Umgebungsschutz um den Sanierungsbereich genutzt werden konnten.

4.5.2 Probenentnahme

Material- und Klebefilmkontaktproben

Sanierungsbereich und Konzept wurden bereits erstellt. Bei der aktuellen Probenentnahme musste geklärt werden, ob es eine Möglichkeit gab, dass die Bewohner – die als Risikopatienten einzustufen waren – während der Sanierung in den Räumlichkeiten bleiben konnten.

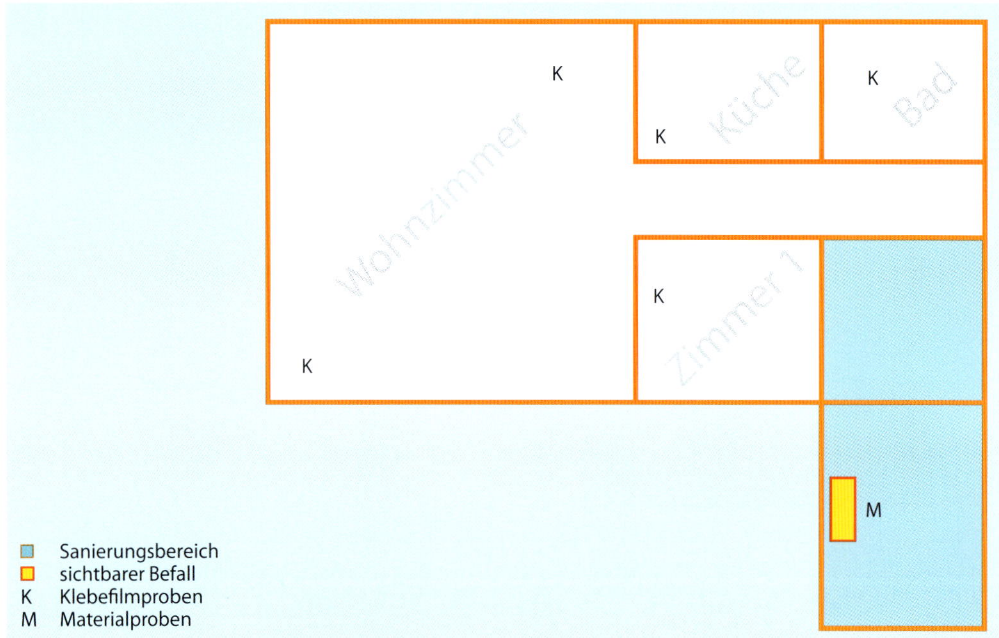

Abb. 4.15: Probenentnahmeorte

Aus dem sichtbaren Schimmelpilzbewuchs wurde eine Materialprobe entnommen. In den angrenzenden Bereichen wurden Klebefilmkontaktproben entnommen, um festzustellen, wie hoch die mikrobielle Belastung in den anderen Räumlichkeiten war (Abb. 4.15).

4.5.3 Auswahl der Analytik

Die entnommene Materialprobe wurde mittels KBE-Analyse untersucht, um die Mikroflora zu bestimmen und das gesundheitliche Risiko beurteilen zu können. Die entnommenen Klebefilmkontaktproben wurden mikroskopisch untersucht, um eine Verteilung der Mikroorganismen in der Wohnung abschätzen zu können.

Hinweis

Für eine gesundheitliche Risikoabschätzung empfiehlt sich eine KBE-Analytik.

4.5.4 Auswertung der Proben

KBE der Materialprobe

Die Materialprobe aus dem sichtbaren Bereich wurde aufbereitet und die KBE angezüchtet. Nach 7 Tagen Inkubation zeigten die Proben stark erhöht Werte (Tabelle 4.6).

Tabelle 4.6: Analyseergebnisse KBE-Analytik (Beurteilung im Vergleich zu Hintergrundwerten, siehe Tabelle 2.3)

Arten	Anzahl	Beurteilung
KBE Schimmelpilze (24 °C, 4 + 7 Tage)		
DG18-Agar		
Aspergillus versicolor	$7{,}4 \cdot 10^5$	
Penicillium spp.	$3{,}0 \cdot 10^7$	
Malz		
Acremonium spp.	$9{,}2 \cdot 10^4$	
Chaetomium spp.	$1{,}8 \cdot 10^4$	
Summe	$3{,}0 \cdot 10^7$	stark erhöht
KBE Bakterien (24 °C, 4 + 7 Tage)		
TGE-Agar		
sonstige Bakterien	$2{,}4 \cdot 10^6$	
Bacillus spp.	$2{,}4 \cdot 10^5$	
Summe	$2{,}6 \cdot 10^6$	erhöht

Mikroskopie der Klebefilme

Die Klebefilmkontaktproben wurden lichtmikroskopisch untersucht und qualitativ und quantitativ ausgezählt. In allen Räumen wurden Mikroorganismen festgestellt, im Wohnzimmer in erhöhter und stark erhöhter Konzentration. In der Küche wurde der toxische Pilz *Stachybotrys chartarum* nachgewiesen. Im Zimmer 1 war das Ergebnis im Normalbereich, allerdings wurde Myzel nachgewiesen (Tabelle 4.7).

Tabelle 4.7: Analyseergebnisse Klebefilmkontaktproben (Beurteilung im Vergleich zu Hintergrundwerten, siehe Tabelle 2.3)

MD-Nr.	Ort der Probenentnahme	Sporen/cm²	Arten	Beurteilung
15 0503	Wohnzimmer, Regal	$6{,}0 \cdot 10^4$	nicht identifizierte Sporen	erhöht
15 0505	Wohnzimmer, Fensterbank	$> 10^6$ (nicht zählbar)	Sporen vom Typ Alternaria/Ulocladium, nicht identifizierte Sporen, Myzel	stark erhöht
15 0506	Zimmer 1, Bett	$4{,}0 \cdot 10^2$	nicht identifizierte Sporen ($2{,}0 \cdot 10^2$), Myzel ($2{,}0 \cdot 10^2$)	normal
15 0509	Küche, Schrank	$7{,}4 \cdot 10^3$	nicht identifizierte Sporen ($7{,}0 \cdot 10^3$), *Stachybotrys chartarum* ($2{,}0 \cdot 10^2$), Myzel ($2{,}0 \cdot 10^2$)	etwas erhöht
15 0510	Bad, Lampe	$2{,}8 \cdot 10^3$	nicht identifizierte Sporen ($2{,}5 \cdot 10^3$), Myzel ($3{,}0 \cdot 10^2$)	etwas erhöht

Gesamtzellzahl

Nachdem in der Küche der toxische Pilz *Stachybotrys chartarum* nachgewiesen wurde, wurde die Materialprobe nachträglich noch mikroskopisch auf die Gesamtzellzahl untersucht. Die Gesamtzellzahl zeigte stark erhöhte Werte und bestätigte den Nachweis von *Stachybotrys chartarum.*

Zusätzliche Hinweise:

- Myzel wurde mikroskopisch nachgewiesen.
- Der toxische Pilz *Stachybotrys chartarum* wurde mikroskopisch nachgewiesen.
- *Chaetomium* spp. wurde mikroskopisch nachgewiesen.

Nicht alle Schimmelpilze, die im Material vorhanden waren, konnten mit der KBE-Methode nachgewiesen werden. Insbesondere

Stachybotrys chartarum wird mitunter von anderen Mikroorganismen auf den Nährmedien unterdrückt. Durch die eindeutige Morphologie der Sporen des *Stachybotrys chartarum* konnten diese aber auch in der Gesamtzellzahlanalytik nachgewiesen werden.

4.5.5 Mikrobiologische Handlungsempfehlungen

Im Hinblick auf die Risikopatienten waren ein besonders vorsichtiges Vorgehen und besondere Schutzmaßnahmen erforderlich. Der Wunsch der Bewohner, in der Wohnung zu verbleiben, forderte folgende Maßnahmen:

- Feinreinigung der Räume außerhalb des Sanierungsbereichs
- fachgerechter Umgebungsschutz des Sanierungsbereichs mit Schleuse
- geschulte Mitarbeiter der Sanierungsfirma, die Bereiche außerhalb der Sanierung (Weißbereich) nicht kontaminierten
- regelmäßige Kontrollen, ob alle Vorschriften des Umgebungsschutzes eingehalten wurden
- medizinische Betreuung der Bewohner
- ggf. Luftreinigungsgeräte als zusätzliche Schutzmaßnahme

Die Bewohner wurden auf das Restrisiko hingewiesen und es wurde ihnen empfohlen, die Räumlichkeiten aus vorbeugendem Gesundheitsschutz zu verlassen.

4.6 Mikrobielle Belastung in einer Fußbodenkonstruktion

4.6.1 Fragestellung: Gibt es eine mikrobielle Belastung in einer Estrichdämmschicht?

Bei einem Leitungswasserschaden war die Fußbodenkonstruktion nass geworden. Feuchtigkeitsmessungen waren bereits durchgeführt worden. Das Wasser hatte sich im Keller verteilt, die Räume zeigten unterschiedliche starke Feuchtigkeitswerte. Der mikrobielle Ist-Zustand sollte mittels mikrobiologischer Analytik festgestellt werden. Durch eine schnelle Trocknung wollte man den Ausbau des Estrichs verhindern.

Abb. 4.16: Bodenprobe

4.6.2 Probenentnahme

Materialproben

Im Keller wurden Proben der Estrichdämmschicht entnommen (Abb. 4.16), um den mikrobiellen Status in den einzelnen Räumen beurteilen zu können (Abb. 4.17). Die Unterseiten der Proben wurden für das Labor markiert. Im Auftrag wurde notiert, dass die Unterseiten der Styroporproben untersucht werden sollten.

4.6.3 Auswahl der Analytik

Gesamtzellzahl

Um zu entscheiden, ob die Trocknung der Estrichdämmschicht sinnvoll oder ein Ausbau notwendig war, wurden die Analyseergebnisse schnell benötigt. In diesem Fall war die Fragestellung, ob in der Estrichdämmschicht eine mikrobielle Belastung vorlag. Um welche Schimmelpilze oder Bakterien es sich handelt, spielte jedoch keine Rolle. Aus diesem Grund wurden die Materialproben der Estrichdämmschicht mikroskopisch auf die Gesamtzellzahl untersucht. Die Proben wurden beim Labor telefonisch als Eilproben angemeldet und bis 12 Uhr abgeliefert. Die Ergebnisse lagen so noch am selben Tag vor.

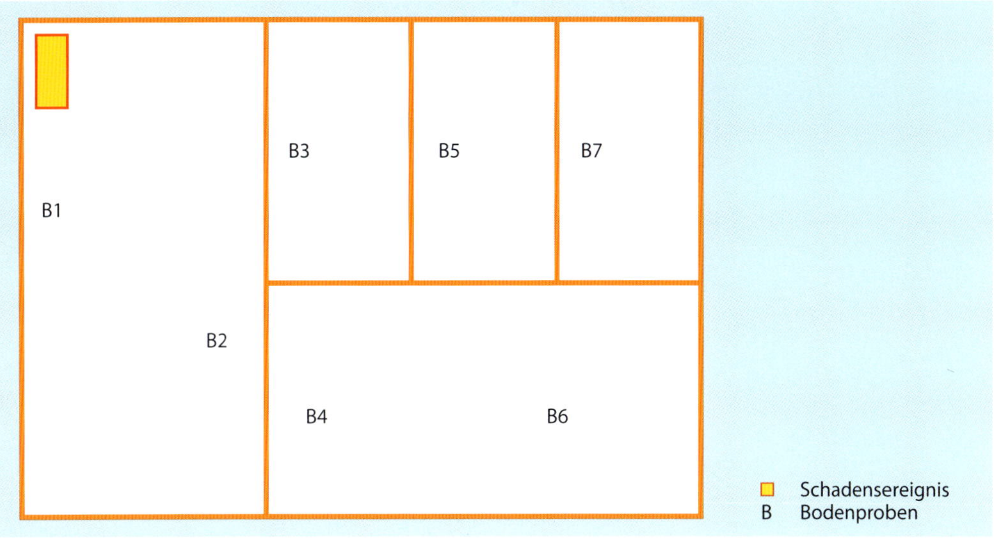

Abb. 4.17: Probenentnahmeorte

4.6.4 Auswertung der Proben

Die Unterseiten der Styroporproben wurden vom Labor bearbeitet, mikroskopisch untersucht und die Gesamtzellzahl bestimmt (Tabelle 4.8). Es zeigte sich, dass die mikrobielle Belastung mit der Entfernung zum Schadensort abnahm. Die Bereiche um die Proben B1 bis B3 waren so hoch belastet, dass der Ausbau des Estrichs zu empfehlen war. Alle anderen Bereiche wurden getrocknet. Nach Beendigung der Trocknung wurden nochmals Proben entnommen, um sicherzustellen, dass sich während der Trocknung keine erhöhten Konzentrationen an Mikroorganismen gebildet hatten.

Tabelle 4.8: Analyseergebnisse Bodenproben (im Vergleich zu Hintergrundwerten, siehe Tabelle 2.3)

Proben	Schimmelpilz-Gesamtzellzahl	Bakterien-Gesamtzellzahl
B1	stark erhöht	stark erhöht
B2	erhöht	stark erhöht
B3	erhöht	erhöht
B4	normal	etwas erhöht

Tabelle 4.8 (Fortsetzung)

Proben	Schimmelpilz-Gesamtzellzahl	Bakterien-Gesamtzellzahl
B5	normal	etwas erhöht
B6	normal	normal
B7	normal	normal

Hinweis

Wenn Analyseergebnisse länger als 1 bis 2 Tage benötigen, sollte die Trocknung sofort beginnen, damit die Vermehrung der Mikroorganismen reduziert wird.

4.7 Nicht sichtbare Schimmelpilze – Schadenssuche

4.7.1 Fragestellung: Gibt es einen Schimmelpilzschaden im Schlafzimmer?

Eine Bewohnerin einer Mietwohnung klagte über Kopfschmerzen, häufige Infekte und einen unangenehmen Geruch in ihrem Schlafzimmer. Der Vermieter beauftragte einen Sachverständigen, der mit einer Luftmessung eine KBE-Analyse durchführte. Diese Untersuchung zeigte keine Auffälligkeiten. Der Sachverständige und der Vermieter kamen daher zu dem Schluss, dass kein Schimmelpilzschaden vorlag. Die Bewohnerin war sehr unzufrieden mit diesem Ergebnis und beauftragte einen anderen Sachverständigen.

4.7.2 Probenentnahme 1

MVOC-Messung

Der neue Sachverständige führte eine MVOC-Messung durch, um zunächst den Verdacht auf Schimmelpilze zu bestätigen. Die Probenentnahme wurde mit einer SKC-Pumpe mit Kohleaktivröhrchen durchgeführt. Alle in Kap. 3.9 genannten Regeln zur Probenentnahme bei einer MVOC-Messung wurden eingehalten.

4.7.3 Auswertung der Probe

Indikatornachweis

Die chemische Untersuchung auf MVOC ergab die in Tabelle 4.9 angegebenen Werte. Der Gesamtwert von 0,86 µg/m³ und der Nachweis von 3 Hauptindikatoren zeigten an, dass ein mikrobieller Schaden vorlag. Der Nachweis von 3-Methylfuran war der Indikator für aktives Wachstum. Es lag kein Abwasserschaden vor, denn ansonsten hätte der Indikator Dimethyldisulfid nachgewiesen werden müssen. Die Ergebnisse bestätigten den Verdacht der Bewohnerin und der Sachverständige wurde weiter beauftragt, den mikrobiellen Schaden aufzudecken.

Tabelle 4.9: Analyseergebnisse MVOC, Volumen: 120,5 l, Probenentnahme im Schlafzimmer

Substanz	**Wert (µg/m³)**
Verbindungen	
3-Methylfuran	0,07
Dimethyldisulfid	0,01
1-Octen-3-ol	0,15
3-Octanon	0,01
3-Methyl-1-butanol	0,14
2-Pentanol	0,01
2-Hexanon	0,15
2-Heptanon	0,32
Gesamtwert	0,86
Isobutanol	0,79
1-Butanol	10,30
Bruttowert	11,95

Tabelle 4.9 (Fortsetzung)

Substanz	**Wert ($\mu g/m^3$)**
Weichmacher-Substanzen	
2-Ethyl-1-Hexanol	5,00
Texanol	< 1,00
TXIB	4,30
Die Nachweisgrenze beträgt 0,05 $\mu g/m^3$. Werte unterhalb der Nachweisgrenze werden mit 0,01 dargestellt und dienen als Rechengröße für die Beurteilung.	

4.7.4 Probenentnahme 2

Impaktionsverfahren und Materialprobe

Im zweiten Schritt entnahm der Sachverständige eine Luftpartikelmessung, da die Bewohnerin eine Aussage über die Raumluftqualität wünschte. Die Luftprobe wurde mittels Impaktionsverfahren erstellt. Das Probevolumen betrug 200 Liter. Der Sachverständige konnte im Fußboden und an den Innenwänden keine Feuchtigkeit nachweisen. An einer Außenwand gab es in ca. 1,50 m Höhe leicht erhöhte Feuchtigkeitswerte, aber keinen sichtbaren Schimmelpilzbewuchs. Nach näherer Betrachtung und weiteren Gesprächen stellte sich heraus, dass die Wand mit einer Latexfarbe gestrichen worden war. Der Sachverständige öffnete die Tapete und entnahm an der feuchten Stelle eine Putzprobe. Die Tapete war auf der Rückseite leicht verfärbt, ein eindeutig sichtbarer Schimmelpilzschaden lag nicht vor.

4.7.5 Auswahl der Analytik

Die entnommene Luftpartikelspuren aus der Innenraumluft und der Außenluft wurden angefärbt und lichtmikroskopisch ausgezählt. Die entnommene Putzprobe wurde auf Gesamtzellzahl, biochemische Aktivität und KBE untersucht.

4.7.6 Auswertung der Ergebnisse

Mikrobieller Schaden

Die Partikelmessung zeigte im Vergleich zu der entnommenen Außenluft, dass ein mikrobieller Schaden im Innenraum wahrscheinlich vorlag (Tabelle 4.10). Die Konzentration von Sporen des Typs *Aspergillus/Penicillium* im Vergleich zur Außenluft wies auf eine Innenraumquelle hin. Nicht identifizierbare (diverse) Sporen sind alle Sporen, die keine eindeutigen morphologischen Merkmale haben, mit denen sie differenziert werden könnten. Da fast alle Schimmelpilze eine potenziell allergene Wirkung haben, müssen diese nicht identifizierbaren Sporen bei der Beurteilung berücksichtigt werden. Dass nicht alle Schimmelpilzsporen differenziert werden können, ist der Nachteil dieser Methode.

Tabelle 4.10: Analyseergebnisse Luftpartikelmessung

MD-Nr.	Probenentnahme	Sporen/m³	Arten
15 1058	Probe L1 (Arbeitszimmer)	6.720	• *Cladosporium* spp. (640) • Sporen vom Typ *Aspergillus/ Penicillium* (2.720) • nicht identifizierte Sporen (3.360)
15 1059	Probe L2 (außen)	1.360	• *Cladosporium* spp. (160) • nicht identifizierte Sporen (1.200)

Die Putzprobe ergab die in Tabelle 4.11 gezeigten Untersuchungsergebnisse. Für Schimmelpilze ergaben sich die folgenden Quotienten:

- KBE/GZ = 18,57 % (sehr hoch)
- BA/GZ = 1,57 % (etwas erhöht)

und für Bakterien:

- KBE/GZ = 0,76 % (niedrig)
- BA/GZ = 1,28 (etwas erhöht)

Die Ergebnisse zeigten eine Schädigung durch *Aspergillus versicolor*, der auch bei den Partikelmessungen nachgewiesen worden war. Die Gesamtzellzahl und auch die biochemische Aktivität waren erhöht. Die Werte deuteten darauf hin, dass das Schadensereignis etwa 3 bis 6 Monate zurücklag.

Ursachensuche

Aufgrund dieser Ergebnisse begann der Sachverständige die Ursachensuche. Nach vielen Messungen und Ortsterminen wurde ein Starkregenereignis als Ursache bestimmt. Anschließend wurde die Sanierung der Außenwand durchgeführt und mit einer Feinreinigung und einer Sanierungskontrolle abgeschlossen.

Tabelle 4.11: Analyseergebnisse Putzprobe (Beurteilung im Vergleich zu Hintergrundwerten, siehe Tabelle 2.3)

Arten	Anzahl	Beurteilung
KBE Schimmelpilze (24 °C, 4 + 7 Tage)		
DG18		
Aspergillus versicolor	$1{,}4 \cdot 10^5$	
Eurotium spp.	$9{,}7 \cdot 10^4$	
Malz		
Chaetomium spp.	$3{,}6 \cdot 10^5$	
Summe	$6{,}0 \cdot 10^5$	erhöht
KBE Bakterien (24 °C, 4 + 7 Tage)		
TGE		
sonstige Bakterien	$7{,}1 \cdot 10^5$	
Summe	$7{,}1 \cdot 10^5$	etwas erhöht
Gesamtzellzahl		
Schimmelpilze	$3{,}2 \cdot 10^6$	erhöht
Bakterien	$9{,}3 \cdot 10^7$	erhöht
biochemische Aktivität		
Schimmelpilze	$5{,}0 \cdot 10^4$	etwas erhöht
Bakterien	$1{,}2 \cdot 10^6$	erhöht
Nachweisgrenze für die Gesamtzellzahl ist $2{,}5 \cdot 10^4$ und für die KBE $8{,}1 \cdot 10^1$		

4.8 Sanierungskontrolle

4.8.1 Fragestellung: War die Sanierung erfolgreich?

Eine Sanierungskontrolle hat das Ziel, den Sanierungserfolg zu überprüfen und dem Sanierer eine Freigabe seiner Arbeit zu erteilen. Bei einigen Sanierungen werden die Möbel ausgelagert und gereinigt und auch diese Reinigung muss überprüft werden. Dies war auch bei diesem Beispiel der Fall. Nach einem Wasserschaden beinhaltete der Sanierungsumfang die Entfernung des Estrichs mit Estrichdämmschicht und das Abschleifen des Putzes. Anschließend wurde der Sanierungsbereich feingereinigt. Die Arbeiten wurden abgeschlossen und die Sanierungskontrolle des Raumes und der ausgelagerten Möbel sollte durchgeführt werden.

4.8.2 Probenentnahme 1

Partikelmessung und Klebefilmkontaktproben

Im Sanierungsbereich und einem Referenzbereich wurde eine Luftpartikelmessung durchgeführt, um den Sanierungserfolg zu überprüfen. Anschließend wurden vom Putz Klebefilmkontaktproben entnommen, um zu überprüfen, ob das Abschleifen des Putzes die Schimmelpilze und Bakterien entfernt hatte. Von den ausgelagerten Möbeln wurden an einigen Stellen Klebefilmkontaktproben entnommen.

4.8.3 Auswahl der Analytik 1

Die Spuren der Luftpartikelmessungen und die Klebefilmkontaktproben wurden angefärbt und mittels Lichtmikroskopie ausgezählt.

4.8.4 Auswertung der Ergebnisse

Keine Freigabe

Die Luftpartikelmessung zeigte die in Tabelle 4.12 dargestellten Werte. Dieses Ergebnis bedeutete, dass eine Innenraumquelle noch vorhanden sein musste. Aufgrund dieser Werte konnte die Sanierung nicht freigegeben werden. Der Nachweis von *Stachybotrys chartarum* ist bei Luftproben immer sehr relevant, da diese Schimmelpilzart sehr schwere Sporen hat und somit nur schlecht flugfähig ist. Auch ein geringer Nachweis von *Stachybotrys chartarum* sollte daher in der Beurteilung Beachtung finden.

Tabelle 4.12: Ergebnisse Luftpartikelmessung

MD-Nr.	Bezeichnung des Auftraggebers	Sporen/ m^3	Arten
15 0549	Referenzbereich	2.590	nicht identifizierte Sporen
15 0550	Sanierungsbereich	8.330	• *Stachybotrys chartarum* (70) • Sporen vom Typ *Aspergillus/ Penicillium* (2.450) • nicht identifizierte Sporen (5.740) • Myzel (70)

Die Ergebnisse der Klebefilmkontaktproben waren alle unauffällig (Tabelle 4.13).

Tabelle 4.13: Analyseergebnisse Klebefilmkontaktproben (Beurteilung im Vergleich zu Hintergrundwerten, siehe Tabelle 2.3)

MD-Nr.	Proben-lokalisation	Sporen/ cm^2	Arten	Beurteilung
15 0227	Probe 1 (Wand 1)	$6{,}0 \cdot 10^2$	*Cladosporium* spp. ($5{,}0 \cdot 10^2$), nicht identifizierte Sporen ($1{,}0 \cdot 10^2$)	normal
15 0228	Probe 2 (Wand 2)	$2{,}0 \cdot 10^2$	*Scopulariopsis* spp. ($1{,}0 \cdot 10^2$), nicht identifizierte Sporen ($1{,}0 \cdot 10^2$)	normal
15 0229	Probe 3 (Wand 3)	$5{,}0 \cdot 10^2$	*Cladosporium* spp. ($3{,}0 \cdot 10^2$), nicht identifizierte Sporen ($2{,}0 \cdot 10^2$)	normal
15 0230	Probe 4 (Wand 4)	–	–	unter Nachweisgrenze
15 0231	Probe 5 (Lampe)	$1{,}0 \cdot 10^2$	nicht identifizierte Sporen	normal
15 0232	Probe 6 (Schrank)	–	–	unter Nachweisgrenze
15 0233	Probe 7 (Bett)	$4{,}0 \cdot 10^2$	nicht identifizierte Sporen ($1{,}0 \cdot 10^2$), Myzel ($3{,}0 \cdot 10^2$)	normal
15 0234	Probe 8 (Stuhl)	–	–	unter Nachweisgrenze

Insgesamt zeigten die Analyseergebnisse damit, dass die Oberflächen der Wände zwar unauffällig waren, aber dennoch von einem weiterhin vorhandenen mikrobiellen Schaden auszugehen war. Die Sanierung wurde nicht freigegeben und ein weiterer Ortstermin anberaumt. Bei der Besichtigung fiel dann auf, dass die Türzargen im Sanierungsbereich nicht entfernt worden waren, was noch während des Termins nachgeholt wurde. Der Putz hinter den Türzargen zeigte einen starken, schwarzen Schimmelpilzbewuchs.

4.8.5 Probenentnahme 2

Aus dem sichtbaren Schimmelpilzbewuchs wurde eine Klebefilmkontaktprobe entnommen, um zu überprüfen, ob dieser Bewuchs die Ursache des *Stachybotrys-chartarum*-Nachweises war.

Klebefilmkontaktprobe

Nach der Entfernung der geschädigten Bereiche und der anschließenden Feinreinigung wurde erneut eine Luftpartikelsammlung als Sanierungskontrolle durchgeführt.

4.8.6 Auswertung der Ergebnisse

In der Klebefilmkontaktprobe konnte *Stachybotrys chartarum* nachgewiesen werden (Tabelle 4.14) und somit das Ergebnis der Luftprobe erklären.

Tabelle 4.14: Analyseergebnisse Klebefilmkontaktproben (Beurteilung im Vergleich zu Hintergrundwerten, siehe Tabelle 2.3)

MD-Nr.	Proben-lokalisation	Sporen/ cm^2	Arten	Beurteilung
15 0247	Probe 1 (Wand 1)	$> 10^6$ (nicht zählbar)	*Cladosporium* spp., *Stachybotrys chartarum* nicht identifizierte Sporen	normal

Die Luftpartikelmessung zeigt die in Tabelle 4.15 dargestellten Werte. Nach der erneuten Sanierung und Feinreinigung konnte die Sanierung bei diesen Ergebnissen freigegeben werden.

Tabelle 4.15: Ergebnisse Luftpartikelmessung

MD-Nr.	Bezeichnung des Auftraggebers	Sporen/ m^3	Arten
15 0631	Referenzbereich	1.760	nicht identifizierte Sporen
15 0632	Sanierungsbereich	960	nicht identifizierte Sporen

4.9 Sichtbare Schimmelpilze im Neubau

In einem Neubau wurden der Estrich und der Putz eingebracht. Es war warm, niemand hatte gelüftet und es wurde auch keine mechanische Trocknung aufgestellt. Nach einem langen Wochenende betraten die Eigentümer das Haus und stellten Flecken auf dem Putz (Abb. 4.18) in fast allen Räumen des Hauses fest. Das Haus bestand aus Erdgeschoss und Obergeschoss, insgesamt 6 Zimmer plus Küche und Badezimmer. Bis auf die Badezimmer waren alle Wände mehr oder weniger betroffen, die Decken waren noch nicht verputzt.

4.9.1 Fragestellung: Ist der Putz mikrobiell belastet?

Die Bauherren wollten einen mikrobiellen Bewuchs abklären und ggf. entfernen lassen. Durch die Probenentnahme sollte geklärt werden, ob es sich wirklich um Schimmelpilze handelte.

4.9.2 Probenentnahme und Auswahl der Analytik

Klebefilmkontaktproben

Aufgrund der Vielzahl der Räume und der auffälligen Bereiche entschied man sich für eine Mikroskopie vor Ort. Bei dieser Untersuchungsmethode werden Klebefilmkontaktproben entnommen und vor Ort mikroskopisch untersucht. Der Vorteil hierbei ist, dass nicht pro Probe abgerechnet wird, sondern nach Arbeitsstunde. Der Nachteil ist, dass die einzelnen Proben nicht so ausführlich wie im Labor ausgewertet werden. In diesem Fall sollte nur festgestellt werden, ob ein Schaden vorlag oder nicht, somit lieferte die mikro-

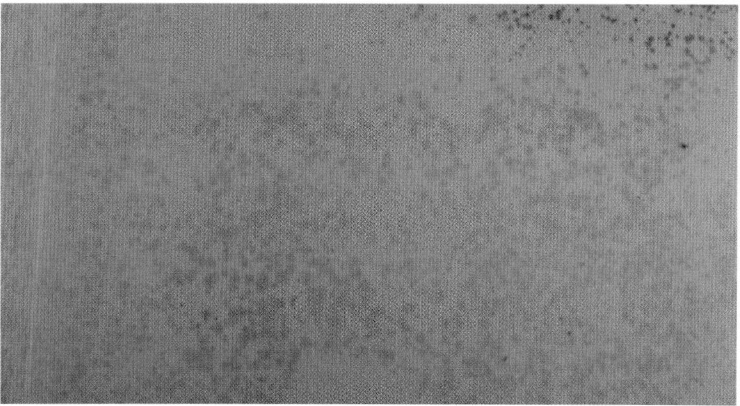

Abb. 4.18: Flecken auf dem Putz im Neubau

biologische Auswertung die gewünschten Antworten. Die Proben wurden pro Raum genommen und immer von 1 an nummeriert. Die Orte, an denen die Proben entnommen wurden, wurden auf einem Grundriss eingezeichnet und mit Fotos dokumentiert.

4.9.3 Auswertung der Proben und Vorgehen

Mikrobielle Belastung

Die Analytik ergab, dass die beprobten Bereiche mikrobiell belastet waren (Tabelle 4.16). Man entschied sich dafür, im Wohnzimmer die Wände exemplarisch abzuschleifen, um zu sehen, ob diese Behandlung die Kontamination entfernte oder ob man den Putz komplett abschlagen musste. Die Wände des Wohnzimmers wurde daher komplett abgeschliffen und anschließend abgesaugt.

Tabelle 4.16: Probenauswertung

Probenort	Auswertung
Küche	
1	kein Nachweis
2	hohe Konzentration, überwiegend Typ *Aspergillus/Penicillium*
3	hohe Konzentration, überwiegend Typ *Aspergillus/Penicillium*
4	hohe Konzentration, überwiegend Typ *Aspergillus/Penicillium*
5	hohe Konzentration, viel Myzel

Tabelle 4.16 (Fortsetzung)

Probenort	**Auswertung**
6	kein Nachweis
7	hohe Konzentration, überwiegend Typ *Aspergillus/Penicillium*
8	vermehrte Konzentration an Schimmelpilzen
9	hohe Konzentration, überwiegend Typ *Aspergillus/Penicillium*
10	hohe Konzentration
Wohnzimmer	
1	hohe Konzentration
2	hohe Konzentration, überwiegend Typ *Aspergillus/Penicillium*
3	hohe Konzentration, überwiegend Typ *Aspergillus/Penicillium*
4	kein Nachweis
5	hohe Konzentration, viel Myzel
6	kein Nachweis
7	hohe Konzentration, überwiegend Typ *Aspergillus/Penicillium*
8	vermehrte Konzentration an Schimmelpilzen
Büro	
1	kein Nachweis
2	kein Nachweis
3	hohe Konzentration, überwiegend Typ *Aspergillus/Penicillium*
4	mäßige Konzentration an Schimmelpilzen
5	hohe Konzentration

Tabelle 4.16 (Fortsetzung)

Probenort	Auswertung
Schlafzimmer 1	
1	hohe Konzentration
2	hohe Konzentration, überwiegend Typ *Aspergillus/Penicillium*
3	hohe Konzentration, überwiegend Typ *Aspergillus/Penicillium*
4	vermehrte Konzentration, überwiegend Befall vom Typ *Aspergillus/Penicillium*
5	hohe Konzentration, viel Myzel
6	kein Nachweis
Schlafzimmer 2	
1	kein Nachweis
2	hohe Konzentration, überwiegend Typ *Aspergillus/Penicillium*
3	hohe Konzentration, überwiegend Typ *Aspergillus/Penicillium*
4	mäßige Konzentration an Schimmelpilzen
5	vermehrte Konzentration an Schimmelpilzen, viel Myzel
6	hohe Konzentration
Kinderzimmer	
1	hohe Konzentration
2	hohe Konzentration, überwiegend Typ *Aspergillus/Penicillium*
3	hohe Konzentration, überwiegend Typ *Aspergillus/Penicillium*
4	hohe Konzentration
5	hohe Konzentration
6	hohe Konzentration

4.9.4 Kontrolle der Maßnahme, erneute Auswertung und Sanierung

Nach dem Abschleifen wurden dieselben Bereiche wie zuvor beprobt und vor Ort mikroskopisch ausgewertet. Die neuerliche Auswertung ergab nur noch an 2 Stellen eine leicht erhöhte Konzentration an Schimmelpilzen. Sonst wurden keine Mikroorganismen nachgewiesen (Tabelle 4.17). Die Bereiche mit der leicht erhöhten Konzentration wurden nachgearbeitet und die restlichen Räume mit demselben Verfahren, das mit dieser Auswertung für erfolgreich erklärt worden war, saniert. Die anschließende Sanierungskontrollmessung mit Luft- und Klebefilmkontaktproben bestätigten den Erfolg der Sanierung.

Tabelle 4.17: Probenentnahme

Probenort	**Auswertung**
Wohnzimmer	
1	kein Nachweis
2	kein Nachweis
3	kein Nachweis
4	leicht erhöhte Konzentration
5	kein Nachweis
6	kein Nachweis
7	kein Nachweis
8	leicht erhöhte Konzentration

4.10 Versteckte Schimmelpilze im Neubau

Eine Familie hatte einen Neubau bezogen und stellte im Dachgeschoss einen muffigen Geruch fest. Ein Schimmelpilzwachstum konnte jedoch nirgends festgestellt werden. Der hinzugezogene Sachverständige nahm Messungen vor und konnte nur eine neubautypische Materialfeuchte feststellen. Der Dachstuhl war nicht einzusehen, weil er mit Dämmung, Dampfsperre und Gipskartonplatten verkleidet war.

4.10.1 Fragestellung: Woher kommt der Geruch? Liegt ein Schimmelpilzschaden vor?

Die Eigentümer wollten die Ursache des Geruchs feststellen und wissen, ob ein mikrobieller Schaden vorlag, um ggf. einen Mangel bei den Bauherren anzuzeigen und um diesen ggf. fachgerecht sanieren zu lassen.

4.10.2 Probenentnahme und Auswahl der Analytik

MVOC-Messungen

Um zunächst kein Material zerstören zu müssen, entschied man sich dafür, 2 MVOC-Messungen im Obergeschoss durchzuführen. Damit sollte festgestellt werden, ob eine mikrobielle Kontamination vorlag oder der Geruch einen anderen Ursprung hatte. In 2 Schlafzimmern wurden die Pumpen aufgestellt und die Proben über eine Dauer von 4 Stunden entnommen. Die Probenentnahmeregeln, wie sie in Kap. 3.9 angegeben sind, wurden eingehalten. Nach einer Analysezeit von 10 Tagen lag das Laborergebnis vor.

4.10.3 Auswertung der Analyseergebnisse und Sanierung

Indikatornachweis

Die Analytik lieferte die in Tabelle 4.18 dargestellten Ergebnisse. Beide Proben zeigten erhöhte Hauptindikatoren und einen erhöhten Indikator für aktives Wachstum (3-Methylfuran). Dies bedeutete, dass ein großer mikrobieller Schaden vorliegen musste, der auch noch aktiv wuchs.

Aufgrund dieses Ergebnisses beschloss der Sachverständige, die Dachkonstruktion zu öffnen und sich den Dachstuhl näher anzusehen. Da sich keine auffälligen Feuchtigkeitswerte in der Fußbodenkonstruktion und in den Wänden gezeigt hatten, wurden diese erst einmal nicht weiter untersucht. Bei einem so aktiven Schaden sollte noch messbare Feuchtigkeit vorhanden sein.

Tabelle 4.18: Analyseergebnisse MVOC, Probe 1, Volumen: 120 l, Probenentnahme im Schlafzimmer; Probe 2, Volumen 120 l, Probenentnahme im Schlafzimmer 2

Substanz	**Probe 1 (µg/m³)**	**Probe 2 (µg/m³)**
Verbindungen		
3-Methylfuran	0,25	0,32
Dimethyldisulfid	0,01	0,01
1-Octen-3-ol	0,42	0,46
3-Octanon	0,23	0,30
3-Methyl-1-butanol	0,22	0,23
2-Pentanol	0,22	0,10
2-Hexanon	0,67	0,92
2-Heptanon	1,30	1,80
Gesamtwert	3,32	4,14
Isobutanol	1,20	1,30
1-Butanol	7,90	8,80
Bruttowert	12,42	14,24

Die Nachweisgrenze beträgt 0,05 µg/m³. Werte unterhalb der Nachweisgrenze werden mit 0,01 dargestellt und dienen als Rechengröße für die Beurteilung.

Nach der Öffnung der Gipskartonplatten war eine beschädigte Dampfsperre zu erkennen. Nach dem Entfernen der Dämmung konnte der Dachstuhl begutachtet werden. Dieser zeigte einen starken, sichtbaren Schimmelpilzbewuchs. Der komplette Dachstuhl wurde freigelegt und abgehobelt, die überlappenden Bereiche, die nicht gehobelt werden konnten, wurden mit 70%igem Alkohol desinfiziert. Anschließend wurde der Bereich von einer Fachfirma feingereinigt.

4.10.4 Kontrolle der Maßnahme und erneute Auswertung

Klebefilmkontaktproben

Ob die Maßnahme erfolgreich war, wurde mittels Klebefilmkontaktproben untersucht. Die Proben sollten die Frage beantworten, ob die Schimmelpilze durch das Abschleifen entfernt worden waren. Die Analyse der Klebefilmkontaktproben ergaben die in Tabelle 4.19 dargestellten Ergebnisse. Zusätzlich wurde auf Wunsch der Familie eine Luftmessung auf Partikel und KBE durchgeführt, die keine auffälligen Werte zeigte. Die Sanierung wurde freigegeben und der Wiederaufbau konnte beginnen.

Tabelle 4.19: Analyseergebnisse Bodenproben (Beurteilung im Vergleich zu Hintergrundwerten, siehe Tabelle 2.3)

MD-Nr.	Proben-lokalisation	Sporen/cm²	Arten	Beurteilung
15 4554	Probe 1	–	–	unter Nachweis-grenze
15 4555	Probe 2	–	–	unter Nachweis-grenze
15 4556	Probe 3	–	–	unter Nachweis-grenze
15 4557	Probe 4	–	–	unter Nachweis-grenze
15 4558	Probe 5	–	–	unter Nachweis-grenze
15 4559	Probe 6	–	–	unter Nachweis-grenze

Tabelle 4.19 (Fortsetzung)

MD-Nr.	Proben-lokalisation	Sporen/cm²	Arten	Beurteilung
15 4560	Probe 7	–	–	unter Nachweis-grenze
15 4561	Probe 8	$1{,}6 \cdot 10^2$	nicht identifi-zierte Sporen	normal
15 4562	Probe 9	–	–	unter Nachweis-grenze
15 4563	Probe 10	–	–	unter Nachweis-grenze
15 4564	Probe 11	$1{,}6 \cdot 10^2$	nicht identifi-zierte Sporen	normal
15 4565	Probe 12	–	–	unter Nachweis-grenze
15 4566	Probe 13	–	–	unter Nachweis-grenze
15 4567	Probe 14	–	–	unter Nachweis-grenze

5 Glossar

Agar Syn.: Agar-Agar. Agar ist ein Geliermittel, das aus den *Zellwänden* von Algen hergestellt wird. Es wird in der Mikrobiologie für *Nährmedien* verwendet, weil es relativ unempfindlich gegenüber den bei der Bebrütung verwendeten Temperaturen ist.

Allergie Bei einer Allergie reagiert die körpereigene Abwehr (das Immunsystem des Körpers) auf Fremdstoffe, die eigentlich nicht infektiös sind, mit Entzündungszeichen. Das Immunsystem produziert Antikörper, die zusammen mit Antigenen, also den Bestandteilen der Fremdsubstanzen, Antigen-Antikörper-Komplexe bilden oder bestimmte Substanzen aus Zellen des Immunsystems freisetzen können. Allergische Reaktionen können von leichten Hauterscheinungen bis zu lebensgefährlichen Reaktionen reichen.

Aminosäuren Aminosäuren sind bestimmte chemische Verbindungen, aus denen u.a. die menschlichen *Proteine* (Eiweiße) zusammengesetzt sind. Man unterscheidet sog. essenzielle Aminosäuren, die vor allem über die Nahrung zugefügt werden müssen, von nicht essenziellen Aminosäuren, die der Körper selbst herstellen kann.

Ascus Ascus bedeutet Schlauch und ist ein schlauchförmiger, manchmal aber auch eher kugelförmiger Behälter, in dem sich *Sporen* befinden bzw. in dem die *Sporen* gebildet werden. Nach diesem Schlauch bzw. Ascus sind die Schlauchpilze bzw. Ascomyceten benannt.

ATP Adenosintriphosphat ist ein Molekül, das aus 3 Phosphaten, einem Zucker- und einem Basenbestandteil zusammengesetzt ist. Es dient als universeller und schnell verfügbarer Energieträger in Zellen.

autotroph In der Biologie werden Lebewesen autotroph genannt, wenn sie den Kohlenstoff für den Aufbau organischer Stoffe ausschließlich aus anorganischen Kohlenstoffverbindungen beziehen und dabei nicht auf bereits vorhandene organische Verbindungen zurückgreifen. Autotrophe Lebewesen sind insbesondere die Pflanzen, die Kohlendioxid als Kohlenstoffquelle und das Licht als Energiequelle verwenden. Siehe auch *heterotroph.*

Befall Der Befall ist der Kontamination ähnlich. Er ist im allgemeinen Sprachgebrauch häufiger und unspezifischer als die *Kontamination*, bezeichnet oft spätere Stadien der „Verschmutzung" und impliziert manchmal ein aktives Geschehen.

Bewuchs In der Mikrobiologie wird von einem Bewuchs gesprochen, wenn sich Mikroorganismen vermehren und wachsen. Der Bewuchs findet auf oder in einem Material statt, lange bevor dieser für das menschliche Auge sichtbar wird. Umgangssprachlich wird von Bewuchs bei Schimmelpilzen gesprochen, dies schließt aber auch die Belastung mit Bakterien ein.

CASO-Agar CASO ist die Abkürzung für ein bestimmtes *Nährmedium* für Bakterien. Er enthält Casein-Pepton und Sojamehlpepton und gilt als ein Standardmedium zur Erkennung von Bakterien. Aber auch einige Hefen und Schimmelpilze wachsen auf diesem Medium.

Desinfektion Das Deutsche Arzneibuch definiert Desinfektion als Maßnahmen, die „totes oder lebendes Material in einen Zustand versetzen, dass es nicht mehr infizieren kann". Im Unterschied zur Sterilisation ist die Keimreduktion bei der Desinfektion nicht ganz so effektiv, d.h., es muss eine bestimmte Keimreduktion stattfinden, sie braucht aber nicht so weitreichend zu sein wie bei der Sterilisation.

DG18-Agar DG18-Agar ist ein Nährmedium für Schimmelpilze. Die Abkürzung bedeutet, dass im DG18-Nährmedium Dichloran und 18 % Glyzerin enthalten sind. Weil Glyzerin Wasser bindet, wird durch dieses Medium das Wachstum von Schimmelpilzen gefördert, die eher Trockenheit lieben.

DNA Die Desoxyribonukleinsäure ist ein fast universelles Molekül, das als Träger der Erbinformation dient. Es besteht aus langen Kettenmolekülen, die spiralig umeinander gewunden vorliegen (sog. Doppelhelix) und vielfach miteinander verbunden sind. Im Zellkern liegt die DNA bei den Tieren (und auch bei den Pilzen) in Form von Chromosomen vor. Die Abkürzung DNA kommt von der englischen Bezeichnung „deoxyribonucleic acid".

Domäne Domäne bezeichnet in der Biologie die höchste Klassifizierungskategorie von Lebewesen. Dabei unterscheidet man Bakterien, Archaeen und *Eukaryoten*. Bakterien und Archaeen werden gemeinsam auch als *Prokaryoten* bezeichnet.

Enzym, enzymatisch Ein Enzym ist ein Stoff, der eine chemische Reaktion beschleunigen kann. Beispielsweise kann ein Substrat so schneller gespalten oder anderweitig verändert werden. Das Enzym selbst bleibt bei der Reaktion unverändert. Das Prinzip enzymatischer Reaktionen ist in der Biologie weit verbreitet und wichtig, weil viele Reaktion nur dadurch überhaupt (schnell genug) ablaufen können.

Eukaryoten Mit Eukaryoten sind – im Gegensatz zu den *Prokaryoten* – alle Lebewesen gemeint, die einen Zellkern besitzen.

Filtration Die Filtration ist ein mechanisches Trennverfahren, bei dem man einen Filter verwendet, um kleine Partikel oder große Moleküle (je nach Größe der Filterporen) z. B. aus einer Suspension zurückzuhalten.

Fluoresceindiacetat Fluoresceindiacetat (FDA) wird als Farbstoff verwendet, mit dem sich stoffwechselaktive Zellen markieren und anschließend unter dem Mikroskop nachweisen lassen.

Fogging Mit Fogging (engl.: fog = Nebel) ist das Vernebeln von Desinfektionsmittel in der Raumluft (nach einer Sanierung und Feinreinigung) gemeint. Mit dem *Fogging-Effekt* (Schwarzstaub) hat das Fogging nichts zu tun.

Fogging-Effekt Der Fogging-Effekt, der auch als Schwarzstaub oder als Schwarze Wohnung bezeichnet wird, ist der Name für die schwarze Verfärbung in Wohnräumen, die auf den ersten Blick mit Schimmel verwechselt werden kann. Es handelt sich dabei aber nicht um Schimmelpilze, sondern um einen rußähnlichen Schmierfilm, dessen Ursache nicht eindeutig geklärt ist, für den aber sehr wahrscheinlich schwerflüchtige organische Verbindungen verantwortlich sind. Der Fogging-Effekt hat mit dem *Fogging*, also dem Vernebeln von Desinfektionsmitteln in der Raumluft, nichts zu tun.

Geosmin Geosmin ist eine Substanz, die durch einen starken erdigen oder auch muffigen Geruch gekennzeichnet ist. Sie wird durch Mikroorganismen produziert, die im Boden leben (vor allem Streptomyces-Arten), aber auch von einigen Schimmelpilzen.

Glukose Die Glukose (der sog. Traubenzucker) ist ein Kohlenhydrat und eine wichtige Energiequelle für alle Lebewesen. Sie ist in Mehrfachzuckern enthalten, aus denen sie im Organismus durch *enzymatische* Spaltung freigesetzt werden kann. In vielen *Nährmedien* für Mikroorganismen ist Glukose enthalten.

Gram-Färbung Um Bakterien mikroskopisch unterscheiden zu können, werden sie u.a. gefärbt. Der dänische Bakteriologe Hans Christian Gram fand dabei eine Färbemethode, mit der sich die Bakterien je nach Aufbau ihrer *Zellwand* entweder anfärben oder nicht anfärben. Die Gram-Färbung ist damit eine Nachweismethode, die den Aufbau der Bakterien bzw. ihrer *Zellwände* teilweise widerspiegelt.

heterotroph In der Biologie werden Lebewesen heterotroph genannt, wenn sie in ihrer Ernährung auf andere, bereits vorhandene organische Verbindungen zurückgreifen. Heterotrophe Lebewesen nutzen diese fremden (griech.: heteros = fremd) Substanzen sowohl als Energiequellen als auch für den Aufbau körpereigener Substanzen. Siehe auch *autotroph*.

Hyphe Hyphe ist die Bezeichnung für die fadenförmige Zelle eines Pilzes. Alle Hyphen zusammen bilden das *Myzel*.

Impaktion Impaktion ist ein Vorgang, bei dem kleinere schwebende Partikel vorhandenen Luftströmungen folgen und – durch ihre Massenträgheit bedingt – auf Oberflächen abgelagert werden. Kleinere, leichte Partikel werden dabei normalerweise weiter durch die Luft transportiert als größere, schwere Partikel. Beim Impaktionsverfahren erzeugt man mit einem Entnahmegerät einen Luftstrom. Die in der Luft vorhandenen Mikroorganismen und andere Partikel folgen diesem Luftstrom und bleiben auf dem Nährmedium oder dem Objektträger haften. Siehe auch *Sedimentation*.

Indikator Ein Indikator (lat.: indicere = ansagen, ankündigen) ist allgemein gesprochen ein Merkmal oder Hilfsmittel, das als Anzeichen für eine bestimmte Entwicklung oder einen bestimmten Zustand dient. Bei Staubproben wird z. B. nicht der gesamte Staub auf alle möglichen Organismen untersucht, sondern hauptsächlich nach einigen bestimmten Organismen, die auf einen *mikrobiellen* Schaden hinweisen können. Diese bestimmten Organismen sind dann Indikatoren eines *mikrobiellen* Schadens.

Infektion Infektion bezeichnet das Eindringen von Mikroorganismen (z. B. Pilze oder Bakterien) in einen Organismus, wobei dieses Eindringen auch eine Vermehrung und ggf. Verbreitung der Mikroorganismen nach sich zieht. Ob den Mikroorganismen eine Infektion gelingt, hängt u. a. einerseits von ihrer Virulenz (Aggressivität) und andererseits von den Abwehrmechanismen ab, die im Organismus zur Verfügung stehen.

Intoxikation Eine Intoxikation (Vergiftung) ist sowohl durch Substanzen möglich, die bereits bei Einnahme minimaler Mengen eine schädliche Wirkung auf den Organismus haben, als auch durch solche Substanzen, die erst bei einer übermäßigen Einnahme schädigend wirken (Überdosis). Der Begriff der Intoxikation sagt nichts darüber aus, wie die Gifte in den Organismus gelangt sind und auf welche Weise sie schädigend wirken.

KBE KBE steht für koloniebildende Einheit. Wenn Mikroorganismen auf einem *Nährmedium* unter optimalen Bedingungen angezüchtet werden, bilden sie dort Kolonien. Die anfangs noch nicht sichtbaren, einzelnen Mikroorganismen werden durch die Koloniebildung sichtbar und können gezählt werden. Im Idealfall entspricht die Anzahl der Kolonien genau der Anzahl der ursprünglich auf dem Nährmedium vorhandenen Mikroorganismen. In der Praxis ist diese Methode aber immer mit einem gewissen Fehler behaftet, weil einige Mikroorganismen von Anfang an sehr dicht nebeneinanderliegen, sodass ihre Kolonien nicht unterschieden werden können, oder einige Mikroorganismen andere in ihrem Wachstum unterdrücken.

Konidien Konidien sind bestimmte Arten von *Sporen*, die sich bei Pilzen z. B. an den Sporenträgern durch Abschnürung und Sprossung bilden.

Kontamination Eine Kontamination (lat.: Verschmutzung) bezeichnet jede unerwünschte Verunreinigung eines Materials, z. B. mit Mikroorganismen, wobei dieser Begriff sehr häufig in Bezug auf Oberflächen verwendet wird und ein frühes (z. B. auch nicht sichtbares) Stadium der Verschmutzung bezeichnet.

Lignin Lignin (lat.: lignum = Holz) ist eine organische Substanz in *Zellwänden* von Pflanzen, die die Verholzung der Zelle bewirkt und damit zur Festigkeit des Zellverbunds beiträgt. Lignin ist neben der *Zellulose* eine der häufigsten organischen Verbindungen auf der Erde. Bestimmte Pilze können das Lignin im Holz abbauen und damit z. B. tragende Holzbalken destabilisieren (Weißfäule).

Malz-Agar Der Malz- oder genauer Malzextrakt-*Agar* wird in der Mikrobiologie schon lange verwendet und ermöglicht relativ vielen Mikroorganismen optimale Bedingungen. Vor allem sind dies aber Mikroorganismen, die gerne in feuchten Umgebungen wachsen.

mikrobiell Mikrobiell heißt „Mikroben betreffend" oder „durch Mikroben hervorgerufen oder erzeugt". Im Unterschied zu *mikrobiologisch* wird mikrobiell vor allem verwendet, wenn damit Vorgänge oder Stoffwechselprodukte bezeichnet werden sollen, die im direkten Bezug zu Mikroorganismen stehen (z. B., wenn Mikroorganismen wachsen oder etwas produzieren).

mikrobiologisch Mikrobiologisch heißt „die Mikrobiologie betreffend". Im Unterschied zu *mikrobiell* wird mikrobiologisch vor allem verwendet, wenn die Arbeit in der Mikrobiologie gemeint ist, wenn also z. B. eine Probe im Labor bearbeitet wird.

Mikroflora Flora ist eigentlich ein Synonym für Pflanzenwelt. Weil aber auch die Bakterien und die Pilze lange Zeit zu den Pflanzen gerechnet wurden, hat sich der Begriff auch als Bezeichnung für Mikroorganismen erhalten. Mikroflora bezeichnet eine natürliche *mikrobielle* Lebensgemeinschaft, also die Gesamtheit aller Mikroorganismen an einem Standort.

MVOC MVOC steht für „microbial volatile organic compounds", also *mikrobielle* flüchtige organische Substanzen. Damit werden die flüchtigen organischen Verbindungen bezeichnet, die von Schimmelpilzen (und auch von anderen Lebewesen) gebildet werden. Sie können nachgewiesen werden, woraus sich u. U. auf das Vorhandensein eines Schimmelpilzschadens schließen lässt.

Mykose Mykose bedeutet so viel wie Pilzkrankheit. Gemeint ist eine Infektionskrankheit, die durch Pilze hervorgerufen wird. Ein Beispiel für eine Mykose ist die Aspergillose, die durch den Schimmelpilz *Aspergillus fumigatus* hervorgerufen wird. Sie kommt vor allem bei immungeschwächten Patienten vor und betrifft oft die Atemwege, manchmal auch die Lunge, und es kann u. a. zu den Symptomen einer Bronchitis oder Lungenentzündung kommen.

Mykotoxine Mykotoxine sind Schimmelpilzgifte, die im Sekundärstoffwechsel der Schimmelpilze gebildet werden können. Diese Gifte können bereits in geringsten Mengen schädlich wirken. Ein Beispiel für solche Mykotoxine sind die Aflatoxine, die z. B. von *Aspergillus flavus* gebildet werden und die beim Menschen Leberschädigungen auslösen können.

Myzel Myzel ist die Bezeichnung für alle *Hyphen* eines Pilzes.

Nährmedium Nährmedien sind flüssige Nährlösungen oder gelartig-feste Nährböden, die in der Mikrobiologie zur Kultivierung von Mikroorganismen verwendet werden. Sie können unterschiedlichste Substanzen enthalten, um für möglichst viele Mikroorganismen optimale Wachstumsbedingungen zu gewährleisten oder um z. B. speziell das Wachstum von Bakterien oder Schimmelpilzen zu fördern.

Nukleotid Nukleotide sind zusammengesetzte Moleküle, die einen Phosphat-, einen Zucker- und einen Basenbestandteil enthalten. Sie bilden die chemischen Grundbausteine der *DNA* und *RNA*.

pH-Wert Der pH-Wert gibt die Wasserstoffionenkonzentration in einer wässrigen Lösung an. Wie sauer oder wie alkalisch eine Lösung (oder auch ein Baumaterial) ist, zeigt der pH-Wert auf einer Skala von 0 bis 14. Der pH-Wert 7 entspricht der Neutralität, pH-Werte unterhalb von 7 werden als sauer bezeichnet, pH-Werte darüber als basisch oder alkalisch.

Polymerase-Kettenreaktion Die Polymerase-Kettenreaktion wird häufig auch kurz mit PCR bezeichnet (aus dem Englischen für Polymerase Chain Reaction). Sie ist ein spezielles Verfahren, mit dem es möglich ist, DNA-Abschnitte schnell zu vervielfältigen. Die PCR wird vor allem eingesetzt, wenn nur minimale Mengen an DNA vorhanden sind, aber größere Mengen für weitere Untersuchungen gebraucht werden.

Prokaryoten Prokaryoten sind – im Gegensatz zu den *Eukaryoten* – zelluläre Lebewesen, die keinen Zellkern besitzen. Zu ihnen gehören z. B. die Bakterien.

Proteine Proteine (Eiweiße) sind aus *Aminosäuren* zusammengesetzt. Sie machen einen wesentlichen Bestandteil aller Zellen aus.

qualitativ Qualitativ heißt die Qualität betreffend. Damit kann einerseits die Güte z. B. eines Objekts oder einer Untersuchung gemeint sein, was häufig durchaus wertend gebraucht wird (z. B. ein qualitativ hervorragendes Produkt). Andererseits können aber auch nur die Eigenschaften oder besonderen Merkmale z. B. einer Analyse gemeint sein, d. h., man betrachtet z. B. bei der Untersuchung der Gesamtzellzahl nicht die Anzahl von jeweils vorhandenen Mikroorganismen, sondern nur, welche überhaupt vorhanden sind.

quantitativ Quantitativ heißt die Menge, Größe, Anzahl oder Häufigkeit betreffend. Eine quantitative Angabe beinhaltet die Nennung einer Maßzahl oder von Ausmaßen.

RNA Die Ribonukleinsäure hat in der Zelle u. a. die Aufgabe, genetische Information in Proteine umzusetzen. Bei bestimmten Viren (sog. RNA-Viren) ist sie auch Träger der Erbinformation. Die RNA besteht aus langen Kettenmolekülen, die im Gegensatz zur *DNA* in der Regel einsträngig vorliegen. Die Abkürzung RNA kommt von der englischen Bezeichnung „ribonucleic acid".

Sedimentation Als Sedimentation wird der Vorgang bezeichnet, bei dem sich Teilchen unter dem Einfluss der Schwerkraft in Flüssigkeiten oder Gasen ablagern. Große, schwere Teilchen lagern sich dabei in der Regel schneller ab als kleine leichte Teilchen, sodass im Sediment verschiedene Schichten entstehen können. Siehe auch *Impaktion*.

semiquantitativ Semi bedeutet halb; eine Auswertung mit den Begriffen leicht/mäßig/deutlich/stark erhöht (oder vermindert) ist z. B. das Ergebnis einer semiquantitativen Auswertung, weil nicht die genauen Zahlen angegeben werden (können), aber trotzdem eine Aussage zur Reihenfolge möglich ist.

Sporen Sporen sind bestimmte Entwicklungsstadien von Lebewesen, die sowohl bei Bakterien als auch bei Pilzen oder bei Farnen vorkommen. Sie dienen der Vermehrung und Ausbreitung, sind oft besonders widerstandsfähig und können daher auch bei extremen Umweltbedingungen lange überleben. Man kann zwischen Endosporen, die innerhalb eines Organismus gebildet werden, und Exosporen, die außerhalb des Organismus entstehen, unterscheiden.

Stärke Stärke ist ein aus Mehrfachzuckern zusammengesetztes Kohlenhydrat. Sie ist der Energiespeicher in vielen pflanzlichen Nahrungsmitteln. Bevor sie vom menschlichen Körper (oder auch von anderen Organismen) aufgenommen werden kann, muss die Stärke *enzymatisch* gespalten werden.

Suspension Suspension ist in der Chemie die Bezeichnung für ein heterogenes Stoffgemisch, d. h. eine Mischung aus festen Teilchen, die in einer Flüssigkeit schweben. Lässt man eine Suspension stehen, kann – je nach Größe der enthaltenen Teilchen – eine *Sedimentation* beobachtet werden.

Taxonomie Taxonomie ist in der Biologie die Bezeichnung für ein Klassifikationsschema, also ein Verfahren, nach dem Objekte unter Bildung von Kategorien oder Klassen einsortiert werden können.

TGE-Agar TGE steht für „tryptone glucose extract". Der TGE-*Agar* ist ein *Nährmedium*, der insbesondere für die Anzucht von Bakterien in Nahrungsmitteln, Milcherzeugnissen und Wasser gedacht ist.

Toxin Toxin ist die Bezeichnung für das von einem Lebewesen produzierte Gift.

Vektor Ein Vektor (lat.: vector = Träger, Reisender) ist in der Biologie ein Organismus, der einen Erreger von einem Wirt auf einen anderen Organismus überträgt, ohne selbst an dem Erreger zu erkranken. Dabei spielt es keine Rolle, ob der Vektor nur mit dem Erreger kontaminiert ist (was z. B. bei der Stubenfliege häufig der Fall ist) oder ob er den Erreger zunächst in sich aufnimmt und dann weitergibt (was z. B. bei blutsaugenden Insekten häufig der Fall ist).

Zellulose Die Zellulose ist ein unverzweigter Vielfachzucker und Hauptbestandteil pflanzlicher *Zellwände*. Der Mensch besitzt – wie fast alle Tiere – keine Möglichkeit, die Zellulose *enzymatisch* abzubauen. Viele Bakterien sind jedoch in der Lage, die Zellulose aufzuspalten, einige wenige Pilze wie z. B. *Aspergillus*- und *Penicillium*-Arten können sie sogar bis in die *Glukose* aufspalten.

Zellwand Die Hülle der Zellen von Pflanzen, Bakterien, Pilzen, Algen und einiger Archaeen werden als Zellwand bezeichnet. Tiere (und damit auch Menschen) haben keine Zellwände. Zellwände verleihen den Zellen in der Regel Struktur und Stabilität und dienen als Schutz vor äußeren Einflüssen. Sie dürfen nicht mit Zellmembranen verwechselt werden, die als dünne Biomembranen noch innerhalb der Zellwände liegen und auch bei Tieren vorhanden sind.

6 Literatur

Kozlowska, Ewa A.; Nuber, Dietlinde (Hrsg.): Leitfaden der praktischen Mykologie. Berlin: Blackwell Wissenschaftsverlag, 1995

Kück, U. Nowrousian, M., Hoff, B., Engh, I.: Schimmelpilze: Lebensweise, Nutzen, Schaden, Bekämpfung. 3. Aufl. Heidelberg: Springer-Verlag, 2009

Leitfaden zur Vorbeugung, Untersuchung, Bewertung und Sanierung von Schimmelpilzwachstum in Innenräumen (Schimmelpilz-Leitfaden). Berlin: Umweltbundesamt, Innenraumlufthygiene-Kommission, 2002

Mücke, W.; Lemmen, C.: Schimmelpilze - Vorkommen, Gesundheitsgefahren, Schutzmaßnahmen. Landsberg: Ecomed Medizin, 1999

Madigan, Michael T.; Martinko, John M.: Mikrobiologie. 11. überarbeitete Auflage. München: Pearson Studium, 2006

Palmgren, U.; Ström, G.; Blomquist, G.; Malmberg, P.: Collection of airborne microorganisms on Nuclepore filters, estimation and analysis, CAMNEA-Method. In: J Appl Bacteriol 61 (1986), S. 401–406

Palmgren, Urban: Gesamtzellzahl, KBE und biochemische Aktivität von Bakterien und Schimmelpilzen in Baumaterialien. Welche zusätzlichen Kenntnisse liefert die Beurteilung einer erweiterten mikrobiologischen Analyse? Lübeck: Schriftreihe des Instituts für medizinische Mikrobiologie und Hygiene der Universität zu Lübeck, Band 8, 2004

Palmgren, Urban: Investigation of effectiveness of mold detergents and chemicals on total cell numbers of mold on building materials. Saratoga Springs, New York, USA: 6th International Scientific Conference on Bioaerosols, Fungi, Bacteria, Mycotoxins in Indoor and Outdoor Environments and Human Health, 2011, September 6–9

Reiß, J.: Schimmelpilze: Lebensweise, Nutzen, Schaden, Bekämpfung. Heidelberg: Springer-Verlag, 1986

Samson, Robert A., Houbraken, J.; Thrane, U., Frisvad, J. C.; Andersen, B.: Food and indoor fungi. Utrecht, Netherlands: CBS-KNAW Fungal Biodiversity Centre, 2010

Schimmelpilze in Innenräumen - Nachweis, Bewertung, Qualitätsmanagement. Abgestimmtes Arbeitsergebnis des Arbeitskreises „Qualitätssicherung - Schimmelpilze in Innenräumen am Landesgesundheitsamt Baden-Württemberg. Stuttgart: Landesgesundheitsamt Baden-Württemberg, 14.12.2001 (überarbeitet Dezember 2004)

Suerbaum, Sebastian; Hahn, Helmut; Burchard, Gerd-Dieter; Kaufmann, Stefan H. E.; Schulz, Thomas F.: Medizinische Mikrobiologie und Infektiologie. Heidelberg: Springer-Verlag, 2012

VDI 4300 Blatt 8:2001-06. Messen von Innenraumluftverunreinigungen - Probenahme von Hausstaub. Düsseldorf: Verein Deutscher Ingenieure, 2001 [2012-08 zurückgezogen]

VDI 4300 Blatt 10:2008-07. Messen von Innenraumluftverunreinigungen - Messstrategien zum Nachweis von Schimmelpilzen im Innenraum, 2008 [2014-04 überprüft und bestätigt]

VDI 6022 Blatt 1:2011-07. Raumlufttechnik, Raumluftqualität - Hygieneanforderungen an raumlufttechnische Anlagen und Geräte. Düsseldorf: Verein Deutscher Ingenieure, 2011

Wiesmüller, Gerhard A.; Heinzow, Birger; Herr, Caroline (Hrsg.): Gesundheitsrisiko Schimmelpilze im Innenraum. Landsberg: Ecomed Medizin, 2013

7 Abbildungsverzeichnis

8 Tabellenverzeichnis

9 Stichwortverzeichnis

N

O

P

R

S

Einsatzmöglichkeiten von Analysemethoden für die Probenentnahmestrategie

(siehe auch Kap. 3.3, Tabelle 3.5)

Analyseart	Biomasse (GZ)	anzüchtbare Mikroorganismen (KBE)	Altersbestimmung
vollständige Material-analytik GZ/BA/KBE	ja	ja	ja
Teilanalyse KBE	nein	ja	nein
Teilanalyse GZ/BA	ja	nein	nein
Klebefilmkontaktprobe	nein	nein	nein
Luftmessung Partikel und KBE	ja	ja	nein
Luftmessung Partikel	ja	nein	nein
Luftmessung KBE	nein	ja	nein

periodische Auffeuchtung	*Stachybotrys*-Nachweis	Schadens-abgrenzung	Besonderheiten
ja	ja	ja	aussagekräftigste Untersuchung, Aufdeckung, Abgrenzung von Schäden, auch Alt- und desinfizierte Schäden
nein	eingeschränkt	nein	nur bei aktiven Schäden zu empfehlen, wenn Zusammensetzung der Mikroflora wichtig ist
nein	ja	ja	zur Bestimmung der mikrobiologischen Gesamtbelastung
nein	ja	ja	Kontrolle von glatten Oberflächen, *Stachybotrys*-Schnelltest, Sanierungskontrolle, Schadensausbreitung
nein	sehr eingeschränkt	nein	Sanierungskontrolle, Lokalisierung von Schäden nur bedingt möglich, Kontrollmessung notwendig
nein	sehr eingeschränkt	nein	Sanierungskontrolle, Lokalisierung von Schäden nur bedingt möglich, Kontrollmessung notwendig
nein	nein	nein	nach Fogging nicht zu empfehlen, Sanierungskontrolle eingeschränkt möglich, Kontrollmessung notwendig